教育部　财政部职业院校教师素质提高计划成果系列丛书
教育部　财政部职业院校教师素质提高计划职教师资培养资源开发项目
"机械设计制造及其自动化"专业职教师资培养资源开发（VTNE007）

机械专业教学法

主　编　姚　屏
副主编　许　凯　杨　永
参　编　李纬华　周　亢　罗　平

机械工业出版社

本书介绍了大量的教学实例和教学设计方案,每个教学法都设计了机械专业课程中的典型案例教学示范。主要内容包括:专业教学法概述,以理论教学为主的教学法,实践教学法,其他教学法,教学组织管理。同时,本书兼顾了偏机械类和偏电气类的教学内容,和专业联系更为紧密。

本书既可作为高等教育职教师范生教学法课程教材,还可作为中等职业教育机械类专业教师的培训教材,同时也适合高职及应用型本科院校专业教师阅读参考,还可供职业教育理论工作者及研究人员参考。本书配有电子课件及教学动画,便于教师在教学中使用。

图书在版编目(CIP)数据

机械专业教学法/姚屏主编. —北京:机械工业出版社,2018.3
(2025.7重印)

(教育部财政部职业院校教师素质提高计划成果系列丛书)

ISBN 978-7-111-59016-3

Ⅰ.①机… Ⅱ.①姚… Ⅲ.①机械学-教学法-高等职业教育 Ⅳ.①TH11

中国版本图书馆CIP数据核字(2018)第015999号

机械工业出版社(北京市百万庄大街22号 邮政编码100037)
策划编辑:赵磊磊   责任编辑:赵磊磊
责任校对:王明欣   封面设计:路恩中
责任印制:邓 博
北京中科印刷有限公司印刷
2025年7月第1版第5次印刷
184mm×260mm·10.5印张·266千字
标准书号:ISBN 978-7-111-59016-3
定价:39.80元

凡购本书,如有缺页、倒页、脱页,由本社发行部调换

电话服务	网络服务
服务咨询热线:010-88379833	机 工 官 网:www.cmpbook.com
读者购书热线:010-88379649	机 工 官 博:weibo.com/cmp1952
	教育服务网:www.cmpedu.com
封面无防伪标均为盗版	金 书 网:www.golden-book.com

丛书编委会

主　任：刘来泉
副主任：王宪成　郭春鸣
成　员：（按姓氏笔画排列）
　　　　　刁哲军　王乐夫　王继平　邓泽民　石伟平　卢双盈
　　　　　米　靖　刘正安　刘君义　汤生玲　李仲阳　李栋学
　　　　　李梦卿　吴全全　沈　希　张元利　张建荣　周泽扬
　　　　　孟庆国　姜大源　郭杰忠　夏金星　徐　流　徐　朔
　　　　　曹　晔　崔世钢　韩亚兰

序

《国家中长期教育改革和发展规划纲要（2010—2020 年）》颁布实施以来，我国职业教育进入到加快构建现代职业教育体系、全面提高技能型人才培养质量的新阶段。加快发展现代职业教育，实现职业教育改革发展新跨越，对职业学校"双师型"教师队伍建设提出了更高的要求。为此，教育部明确提出，要以推动教师专业化为引领，以加强"双师型"教师队伍建设为重点，以创新制度和机制为动力，以完善培养培训体系为保障，以实施素质提高计划为抓手，统筹规划，突出重点，改革创新，狠抓落实，切实提升职业院校教师队伍整体素质和建设水平，加快建成一支师德高尚、素质优良、技艺精湛、结构合理、专兼结合的高素质专业化的"双师型"教师队伍，为建设具有中国特色、世界水平的现代职业教育体系提供强有力的师资保障。

目前，我国共有 60 余所高校正在开展职教师资培养，但教师培养标准的缺失和培养课程资源的匮乏，制约了"双师型"教师培养质量的提高。为完善教师培养标准和课程体系，教育部、财政部在"职业院校教师素质提高计划"框架内专门设置了职教师资培养资源开发项目，中央财政划拨 1.5 亿元，用于系统开发本科专业职教师资培养标准、培养方案、核心课程和特色教材等系列资源。其中，包括 88 个专业项目，12 个资格考试制度开发等公共项目。该项目由 42 家开设职业技术师范专业的高等学校牵头，组织近千家科研院所、职业学校、行业企业共同研发，一大批专家学者、优秀校长、一线教师、企业工程技术人员参与其中。

经过三年的努力，培养资源开发项目取得了丰硕成果。一是开发了中等职业学校 88 个专业（类）职教师资本科培养资源项目，内容包括专业教师标准、专业教师培养标准、评价方案，以及一系列专业课程大纲、主干课程教材及数字化资源；二是取得了 6 项公共基础研究成果，内容包括职教师资培养模式、国际职教师资培养、教育理论课程、质量保障体系、教学资源中心建设和学习平台开发等；三是完成了 18 个专业大类职教师资资格标准及认证考试标准开发。上述成果，共计 800 多本正式出版物。总体来说，培养资源开发项目实现了高效益，形成了一大批资源，填补了相关标准和资源的空白；凝聚了一支研发队伍，强化了教师培养的"校—企—校"协同；引领了一批高校的教学改革，带动了"双师型"教师的专业化培养。职教师资培养资源开发项目是支撑专业化培养的一项系统化、基础性工程，是加强职教教师培养培训一体化建设的关键环节，也是对职教师资培养培训基地教师专业化培养实践、教师教育研究能力的系统检阅。

自 2013 年项目立项开题以来，各项目承担单位、项目负责人及全体开发人员做了大量深入细致的工作，结合职教教师培养实践，研发出很多填补空白、体现科学性和前瞻性的成果，有力推进了"双师型"教师专门化培养向更深层次发展。同时，专家指导委员会的各位专家以及项目管理办公室的各位同志，克服了许多困难，按照"两部"对项目开发工作的总体要求，为实施项目管理、研发、检查等投入了大量时间和心血，也为各个项目提供了专业的咨询和指导，有力地保障了项目实施和成果质量。在此，我们一并表示衷心的感谢。

广东技术师范大学非常重视项目研究工作，专门成立了"机械设计制造及其自动化"主要专业课教材编写委员会，由项目负责人李玉忠任主任委员，其成员有：王晓军、姚屏、杨永、罗永顺、阳湘安、宋雷。在专家委员会尤其是在刘来泉、姜大源、吴全全、张元利、韩亚兰、王乐夫等专家的具体指导下，多次召开了编写大纲和书稿审定会议，反复修改教材结构和内容，最终才形成了现在的教材。

另外，邝卫华、候文峰、何七荣、刘晓红、刘修泉等也多次参与各教材书稿的审核工作，并提出很多建设性的意见。在这里一并表示衷心的感谢。

编写委员会

前　言

目前，我国职业教育师资大多是毕业于普通高等教育院校者，或者是来自于生产一线的高级技能型人才，他们一般具有较强的学科理论知识与能力或一线工程经验与技巧，但对教学方法的研究大多尚未进入理性阶段，而由于职业教育的专业不是学科专业，其教学法有别于普通教育，因此提升职业教育教学水平迫切需要对职业教育的教学方法进行较为系统的研究。由于职业教育专业具有鲜明的职业属性，因此其教学法研究必然带有鲜明的职业特征，即职业教育教学法的研究必须是针对某一职业群的。

本书是教育部、财政部职业院校教师素质提高计划中"机械设计制造及其自动化"专业职教师资培养资源开发（VTNE007）成果之一。本书介绍了大量的教学实例和教学设计方案，每个教学法都设计了机械专业课程中的典型案例教学示范，主要内容包括：专业教学法概述，以理论教学为主的教学法，实践教学法，其他教学法，教学组织管理。同时，本书兼顾了偏机械类和偏电气类的教学内容，和专业联系更为紧密。本书系统地对中等职业教育机械专业的职业、学情及教学进行了分析，详细介绍了各教学方法的特点、条件及操作技术，并提供了大量的应用案例。本书对职业技术教育机械类专业典型课程的教学要求、教学内容、课程特点、教学方法的运用、教学案例、教学建议及注意问题进行了分析和探讨，并对典型课题进行了教法剖析。本书将基本教育理论融入相应教学法，既考虑了教学法的稳定性，又考虑了教学法的多样性和发展性。本书有两大特色：

1. 案例非常丰富。这些案例借鉴了国外职业教育的先进理念，结合我国职业教育的实际，是经实践验证过的真实案例，对本专业的教学具有实际指导意义。

2. 配有立体化教学资源。本书配有电子课件、教学计划和大纲，同时配有很多教学动画，通过扫描书中二维码即可观看相应教学案例。

本书由广东技术师范大学姚屏任主编，武汉科技大学许凯、广东技术师范大学杨永任副主编，北京理工大学周元、广东技术师范大学李纬华和罗平参加编写。刘玉玲、袁桂琦、黄舒薇、林彩洁、彭伟婷、邹胤、许华芳、黄晓辉、艾舒敏、林雪洁等参加了教学案例修改和教学资源制作工作，在此深表感谢。

由于时间和水平有限，书中难免存在一些不足，恳请各位读者批评指正。

编　者

目　录

序
前言
第1章　专业教学法概述 ... 1
1.1　专业教学法理论基础 ... 1
1.1.1　行为主义学习理论 ... 1
1.1.2　认知主义学习理论 ... 2
1.1.3　建构主义学习理论 ... 2
1.1.4　行动导向学习理论 ... 3
1.2　国内外常用教学法及教学模式 ... 4
1.2.1　德国职业教育常用教学方法 ... 4
1.2.2　英国、美国职业教育常用教学方法 ... 7
1.2.3　国内职业教育的主要模式 ... 9
1.2.4　国内常用教学方法 ... 10
思考与练习 ... 11
第2章　以理论教学为主的教学法 ... 12
2.1　讲授教学法 ... 12
2.1.1　教学法理论 ... 12
2.1.2　案例1：工艺尺寸链 ... 17
2.1.3　案例2：卧式车床的介绍 ... 18
2.1.4　案例3：认识变压器 ... 20
思考与练习 ... 21
2.2　演示教学法 ... 22
2.2.1　教学法理论 ... 22
2.2.2　案例1：凸轮机构 ... 25
2.2.3　案例2：自定心卡盘的拆装 ... 27
2.2.4　案例3：万用表的测量 ... 29
思考与练习 ... 31
2.3　引导文教学法 ... 31
2.3.1　教学法理论 ... 32
2.3.2　案例1：钳工实训——U形底座 ... 35
2.3.3　案例2：照明电路的安装与调试 ... 37
思考与练习 ... 39
2.4　思维导图教学法 ... 39
2.4.1　教学法理论 ... 39
2.4.2　案例1：常用机构相关知识的复习 ... 45
2.4.3　案例2：金工实习常用刀具及工量具 ... 48

2.4.4 案例3：电路相关知识的复习	51
2.5 其他图示教学法	53
2.5.1 概念图教学法	53
2.5.2 鱼骨图分析法	53
2.5.3 树枝图分析教学法	55
思考与练习	56

第3章 实践教学法 ... 57

3.1 任务驱动教学法	57
3.1.1 教学法理论	57
3.1.2 案例1：CAD 截交线	61
3.1.3 案例2：常用用品的制造（筷子）	63
3.1.4 案例3：二极管单向导电性	65
思考与练习	67
3.2 案例教学法	68
3.2.1 教学法理论	68
3.2.2 案例1：回转体类零件加工工艺分析	70
3.2.3 案例2：PLC 控制交通灯	72
思考与练习	75
3.3 模拟教学法	75
3.3.1 教学法理论	75
3.3.2 案例1：机械零件的精度	78
3.3.3 案例2：万用表的使用	81
思考与练习	83
3.4 现场教学法	83
3.4.1 教学法理论	84
3.4.2 案例1：齿轮的认识	87
3.4.3 案例2：磨床安全事故分析	89
3.4.4 案例3：安装与调整圆盘	90
思考与练习	92

第4章 其他教学法 ... 93

4.1 互动教学法	93
4.1.1 教学法理论	93
4.1.2 案例1：底座加工工艺过程	97
4.1.3 案例2：安全用电	99
思考与练习	101
4.2 讨论教学法	102
4.2.1 教学法理论	102
4.2.2 案例1：零件加工刀具路径	105
4.2.3 案例2：稳压二极管	106
思考与练习	108
4.3 角色扮演教学法	109

4.3.1 教学法理论 ··· 109
4.3.2 案例1：数控机床操作 ··· 111
4.3.3 案例2：连接电路 ·· 113
思考与练习 ··· 114
4.4 尝试教学法 ·· 115
4.4.1 教学法理论 ··· 115
4.4.2 案例1：机械制图之圆与圆弧连接手绘 ···························· 118
4.4.3 案例2：三相异步电动机的起动控制 ································ 120
思考与练习 ··· 122

第5章 教学组织管理 ··· 124
5.1 中职学生心理特征分析及对策 ··· 124
5.1.1 中等职业技术学校学生的心理特点 ································· 124
5.1.2 主要对策 ··· 125
5.2 教学组织管理技术 ·· 126
5.2.1 课堂问题论述 ··· 126
5.2.2 课堂教学技巧运用 ·· 127
5.2.3 其他课堂教学互动法简要介绍 ······································· 134
5.3 说课设计 ··· 135
5.3.1 说课理论 ··· 135
5.3.2 案例1：平面与曲面立体的交线 ····································· 138
5.3.3 案例2：Master Cam 软件编程 ······································· 139
5.3.4 案例3：晶体管的电流放大作用 ····································· 140

附录 ·· 143
附录A 任务单 ·· 143
附录B 资讯单 ·· 145
附录C 习题参考答案 ·· 145

参考文献 ··· 155

请扫描二维码微信关注课程公众号，进行在线学习。

第 1 章 专业教学法概述

职业教育是现代教育的重要组成部分，是工业化和生产社会化、现代化的重要支柱。职业教育是社会变化的催化剂，在促进经济增长、增强企业竞争力和减少失业率等方面起着重要作用。专业教学法是师生为达到某一专业的教学目的而展开的教学活动的总和。专业教学法既包括教师的教法，也包括学生的学法，使教师和学生相互协同以完成教学任务。

1.1 专业教学法理论基础

处于专业学科的知识传授与职业教育实践之间的专业教学法，扮演着一个纽带的角色。它体现在如下三个方面。

1) 专业教学法是获取和应用专业能力的"前提科学"。
2) 专业教学法确保专业科学、教育学研究与学校教学实践的协作效应。
3) 专业教学法既适合于校内教育，也适合于校外培训。

职业教育的专业教学法必须考虑专业科学与教育科学两个方面。它是联系专业科学与教育科学，特别是教学法和专业课程之间的桥梁。可以说，职业教育的专业教学法是这样一门学科：其理论与实践的注意力指向专业教学的情境、目标和条件，涉及那些既不能由教育科学也不能由专业科学单独解决的问题，而是涵盖与专业教学有关的所有问题。因而，尽管专业学习是职业教育教师培养的前提条件，但专业学习必须包括专业教学法。

职业教育专业教学法的理论是建立在行为主义学习理论、认知主义学习理论、建构主义学习理论和行动导向学习理论基础上的。同时，随着这些理论在专业教学中的运用，其对专业教学法的发展也起着重要的影响。基于以上理论，在专业教学过程中，教师和学生的关系也在不断地变化，由最初的以教师为中心的教学方式逐渐转化为以学生为主的教学方式，学生逐渐成为教学的主体。这种师生关系的转变也直接体现在教师教学模式的转变上，即由教师直接指导的教学模式逐渐地向无教师直接指导的教学模式转化。

如今，教育工作的重心从传授给学习者显性知识转向塑造学习者的自由人格，职业教育学理论也因此从传统的"机械教育学理论"向现代化的"进化教育学理论"转变。职业教育专业教学法研究的重点也从传统的探索"生产性教学策略"发展为探索"可能性教学策略"，更加注重研究学习情境和学习主体。现代专业教学法的发展是建立在学习理论发展基础上的。

1.1.1 行为主义学习理论

1. 理论基础

20 世纪 60 年代初~20 世纪 70 年代末，以斯金纳提出的条件反射理论为代表的学习理论，认为学习是一个操作性条件反射的过程。其基本观点是：以 S—R（刺激—反应）公式作为所有心理现象的最高解释原则；强调学习过程中的外部强化因素；认为通过设计一步步的学习程序与练习，提供及时的反馈，就能促使学生某种技能的迅速形成。

这一学习理论忽略了人的主观能动性的内因作用以及创造性的培养。

2. 行为主义学习理论对专业教学法的影响

斯金纳认为教学的作用就是促使学生去获得文化所要求的必要的言语行为和非言语行为。塑造行为和保持行为强化的方法，在专业教学中也是适用的。在专业教学中，教师的主要任务有两项：第一，建构体现学习的言语技能和非言语行为的全部技能；第二，依靠如"兴趣""热情"或"学习动机"等因素，以保持这些行为的高概率，可见行为主义学习理论也渗透在专业教学中。此外，学校在专业课的教学中应及时给予学生刺激。这些刺激主要是言语的刺激，包括描述一些专业性概念和专业技能的要领。专业教学的首要任务是使学生形成种种正确的行为反应，并使这些行为反应受各种刺激的控制，即"在刺激控制下引起正确的反应"，这也正是行为主义学习理论要求的教学任务。可见，行为主义学习理论对专业教学法有重要的指导意义，对于学生专业性概念和行为方式的形成提供了理论依据。

1.1.2　认知主义学习理论

1. 理论基础

认知主义与行为主义相反，认为学习就是通过认知重组把握这种结构，是一个"刺激—重组—反应"的过程。其基本观点是：强调学习通过对情境的领悟或认知而形成认知结构；主张研究学习的内部过程和内部条件；强调人的认知是由外部刺激和认知主体心理过程相互作用的结果。根据这一理论，把学习解释为个体根据自己的态度、需要、兴趣和爱好并利用过去的知识和经验对当前的学习内容做出主动的、有选择的信息加工过程，强调培养学生解决问题的能力和学习能力。

2. 认知主义学习理论对专业教学法的影响

认知派学习理论家认为学习在于内部认知的变化，学习是一个比 S—R 公式要复杂得多的过程。他们注重解释学习行为的中间过程，即目的、意义等，认为这些过程才是控制学习的可变因素。认知派学习理论为专业教学法提供了理论依据，丰富了教育心理学的内容，其中对专业教学法的影响表现在如下几个方面。

1）在专业教学中越来越重视人在学习活动中的主体价值，充分肯定了学习者的自觉能动性。

2）强调认知、意义理解、独立思考等意识活动在专业学习中的重要地位和作用。

3）重视学习者在专业学习活动中的准备状态。即一个人学习的效果，不仅取决于外部刺激和个体的主观努力，还取决于一个人已有的知识水平、认知结构、非认知因素。准备是任何有意义学习赖以产生的前提。

4）重视强化的功能。认知学习理论把人的学习看成一种积极、主动的过程，在专业学习中，教师应重视学习者内在的动机与专业学习活动本身带来的内在强化的作用。

5）主张学习者的专业学习的创造性。布鲁纳提倡的发现学习论就强调学生学习的灵活性、主动性和发现性。在专业学习中同样要求学生自己观察、探索和试验，发扬创造精神，独立思考、改组材料、自己发现知识、掌握原理，提倡一种探究性的学习方法。强调通过发现学习来使学生开发智慧潜力，调节和强化学习动机，牢固掌握知识并形成创新的本领。

1.1.3　建构主义学习理论

1. 理论基础

20 世纪 90 年代初至今，在行动导向学习理论基础上形成的建构主义学习理论，多数学者特别是德国职业教育界认为两者本质上是相同的。建构主义认为，知识不是通过教师传授得到，而是学习者在一定的情境即社会文化背景下，借助其他人（包括教师和学习伙伴）的帮助，利用必要的学习资料，通过意义建构的方式而获得的。由于学习是在一定的情境即社会文化背景下，借助其他人的帮助即通过人际间的协作活动而实现的意义建构过程，因此建构主义学习理论认为"情境""协作""会话"和"意义建构"是学习环境中的四大要素或四大内容的意义建构。这就对教学设计提出了新的要求，也就是说，在建构主义学习环境下，教学设计不仅要考虑教学目标分析，还要考虑有利于学生意义建构的情境的创设，并把情境创设看作教学设计的最重要内容之一。协作发生在学习过程的始终。协作对学习资料的搜集与分析、假设的提出与验证、学习成果的评价直至意义的最终建构均有重要作用。会话是协作过程中不可缺少的环节。学习小组成员之间必须通过会话商讨如何完成规定的学习任务的计划；此外，协作学习过程也是会话过程，在此过程中，每个学习者的思维成果（智慧）为整个学习群体所共享，因此会话是达到意义建构的重要手段之一。意义建构是整个学习过程的最终目标。所要建构的意义是事物的性质、规律以及事物之间的内在联系。在学习过程中帮助学生建构意义就是要帮助学生对当前学习内容所反映的事物的性质、规律以及该事物与其他事物之间的内在联系达到较深刻的理解。这种理解在大脑中的长期存储形式就是前面提到的"图式"，也就是关于当前所学内容的认知结构。由以上所述"学习"的含义可知，学习的质量是学习者建构意义能力的函数，而不是学习者重现教师思维过程能力的函数。换句话说，获得知识的多少取决于学习者根据自身经验去建构有关知识的意义的能力，而不取决于学习者记忆和背诵教师讲授内容的能力。

2. 建构主义学习理论对专业教学法的影响

在专业教学中，建构主义提倡在教师指导下的、以学习者为中心的学习，也就是说，既强调学习者的认知主体作用，又不忽视教师的指导作用，教师是意义建构的帮助者、促进者，而不是知识的传授者与灌输者。在专业教学中，应把学生看作信息加工的主体、意义的主动建构者，而不是外部刺激的被动接受者和被灌输的对象。而教师应成为学生建构意义的帮助者，在专业教学中教师应采用各种教学方法激发学生的学习兴趣，帮助学生形成学习动机；其次教师可通过创设符合教学内容要求的情境和提示新、旧专业知识之间联系的线索，帮助学生建构当前所学知识的意义。在专业性概念的学习过程中，为了使意义建构更有效，教师应在可能的条件下组织协作学习（开展讨论与交流），并对协作学习过程进行引导，使其朝有利于意义建构的方向发展。引导的方法包括：提出适当的问题以引起学生的思考和讨论；在讨论中设法把问题一步步引向深入，以加深学生对所学内容的理解；要启发、诱导学生自己去发现规律，自己去纠正和补充错误的或片面的认识。

1.1.4 行动导向学习理论

1. 理论基础

20 世纪 80 年代以来出现的职业教育教学论思潮，在德国尤为盛行，与认知学习有紧密联系，都是探讨认知结构与个体活动间的关系。但行动导向学习强调以人为本，认为人是主动、不断变化和自我负责的，能在实现既定的目标过程中进行批判性的自我反馈，学习不再是外部控制，而是自我控制的过程。在现代职业教育中，获得职业能力是行动导向学习的目标。在德国已经被普遍接受和推广，在我国部分学校也进行了试行。其特点是：教学内容与职业实践尤其是工作过程紧密相关；学生自己组织学习；强调合作与交流；多形式教学方法交替使用；教师是学习过程的组织者、咨询者和指导者。推广使用这种方法已经成为现代职业教育、培训的主流发展趋势。它以培养人的综合职业能力为目标，以职业实践活动为导向，强调理论与实践的统一，尊重学生的价值，张扬个性，引导学生主动学习，联系实际问题学习，以真正提高劳动者素质。

所谓"行动导向"，是指由师生共同确定的行动产品来引导教学组织过程，学生通过主动和全面学习，达到脑力劳动和体力劳动的统一。行动导向教学方法一般采用跨学科的综合课程模式，不强调知识的学科系统性，重视"案例"和"解决实际问题"以及学生的自我管理式学习。

关键能力的开发是行动导向教学的核心，促进学生的脑、心、手全方位被调动起来，真正从素质教育方面入手，把学生的学习转化为一种"游戏"形式，让学生愉快地在"玩"中学、在学中"玩"，愉快、轻松地完成学习任务。

2. 行动导向学习理论对专业教学法的影响

在行动导向的学习中，也就是学习者在亲自行动的过程中，通过行动分析和设计、实施、检查、评价各环节，通过对自身经验的反思和批判性检查，验证、丰富、更新自己的行动模式和认知结构，达到提升行动能力、解决职业活动中问题的目的。在专业学习中，教师逐渐地意识到行动学习的重要性，行动是学习的出发点、发生地和归属目标，学习是连接原有行动能力状态和目标行动能力状态之间的过程。除了重复进行的简单工作活动之外，职业性的行动不仅能为从业者提供学习的机会，而且在职业活动过程中还存在着促进专业化能力发展的学习机会。从这个意义上讲，在职业教育领域，行动导向的学习和促进专业化能力发展的工作合二为一，是一个不断进步和终身学习的具体过程。

1.2 国内外常用教学法及教学模式

1.2.1 德国职业教育常用教学方法

1. 主要教学指导思想：行为导向

德国经过多年的探索与实践，在其双元制职业教育体制基础上创造出"面向职业工作任务的教学方法"（国内译为"行为导向法""项目导向法""工作任务导向法"等，其实质相同，下文统称为行为导向法），其在德国已经普遍采用并收到良好效果，成为世界各国竞相学习的榜样。该教学方法以学习者今后所从事的职业工作任务、应该解决的问题和应具有的工作能力为主，设计授课单元或课件，如数控技术以十几种典型回转体和非回转体零件的加工编程为主进行教学，机电专业则以冲剪机、自动上下料、自动化机床的运行控制部分为例进行教学，使学习者对于所从事的工作心中有底，可直接胜任工作。

本书介绍的模拟教学法、思维导图教学法、引导文教学法、案例教学法、角色扮演教学法，以及接下来要介绍的头脑风暴法、卡片展示法等均属于行为导向的教学方法。

2. 实施"行为导向教学方法"的一般步骤

实施"行为导向教学方法"的一般步骤见表1-1。

表1-1 实施"行为导向教学方法"的一般步骤

序号	步骤	教师行为	学生行为
①	设置问题、提出问题	解决应该完成的工作	了解自己应该解决的问题
②	确定目标	具体说明学生要解决问题的相关知识点，向学生提问并复习	明确问题需达到的目标，为解决该问题进行思考并做准备，确定基本解决思路

(续)

序号	步骤	教师行为	学生行为
③	信息阶段	回答学生与知识相关的问题,指出哪些信息是解决该问题必须掌握和具备的,解答学生的各种疑问,协调学生成立合作小组	成立解决问题的合作小组(通常为2~3人),搜集相关信息,向老师提问,为制订解决方案做好准备
④	制订计划	指导学生,安排好任务所需时间,并准备好必要物质条件,如仪器、机床、毛坯等	小组内进行分工,各自对要解决的问题提出解决方案。例如数控专业制订工艺表、刀具表、切削用量表,拟订加工程序;机电专业,拟订电气或气动回路图
⑤	实施阶段	根据需要给学生发放相关材料,如要加工零件的毛坯、试验用的仪器、仪表等	根据小组所指定的解决问题方案进行仿真、演示或实际加工
⑥	检查及信息反馈	演示已准备好的解决方案,与学生探讨哪些方案较好	查找自己制订的解决方案与所确定目标之间的差距,在不同方案中进行比较,直到较为理想,再反馈到制订计划环节重新修改、试验
⑦	演示汇报,总结学习过程	汇总学生的不同解决方案,最后进行点评,哪些是较好的方案,并总结整个学习单元的情况	小组的每个人都要向大家介绍解决问题的过程,并将相关资料如图样、方案、程序、回路图汇总、整理,锻炼学生自我包装和展现自己独立工作的能力及团队合作精神

3. 行为导向教学方法的特点

1)紧密结合实际,达到"学以致用"的教学目的。
2)锻炼学生自主获取知识和独立工作的能力。
3)教学过程生动、内容丰富,提高学生学习的积极性和主动性。
4)锻炼学生的团队合作精神。
5)对授课教师提出较高要求。
6)所培养的学生可以直接上岗,很受企业欢迎。

4. 主要实施方法

(1)卡片展示教学法 卡片展示教学法是德国教师经常采用的一种方法,该方法主要用于信息的收集、分组归类等方面,一般在每个教学单元开始前使用。

基本步骤:提出主题和目的→结合头脑风暴法搜集相关数据资料→将卡片按照某一原则进行分类→将分类后的卡片群进行命名→进行总结、公布决定。例如,老师提出自己将要讲授的内容,先用卡片展示教学法询问学生的意见,然后由学生自由组合成4组,每组发放6张卡片,安排10min每组进行讨论并写卡片,完成后每组派一名代表说明卡片的具体内容,最后老师进行卡片分类和汇总,总结出将要教授的内容。

卡片展示教学法的优点在于形象生动、简洁明了,便于分类汇总,容易实现,能很好地调动小组各成员的积极性,体现每个人的想法。应用时应注意如下几个方面。

1)主题明确,便于后续工作的开展。
2)每个想法写一张卡片,尊重每个人的意见,即使意见有重复的,也要一并列出。
3)用粗一些的笔写卡片,引起大家注意。
4)卡片张贴要随意,不要预先进行区域划分。
5)卡片张贴完毕后,要选出一名代表向其他小组进行宣讲和总结。

图1-1所示为卡片展示"画三维图"知识点内容。

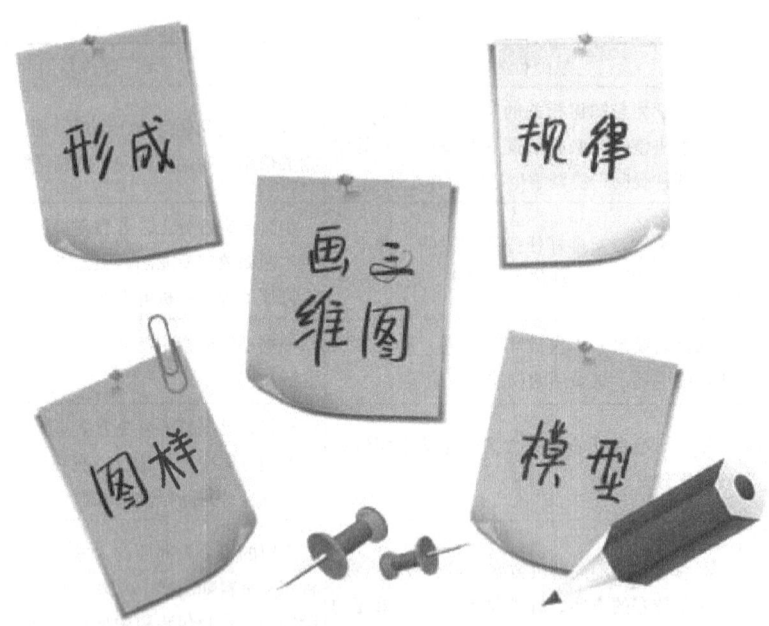

图1-1 卡片展示"画三维图"知识点内容

查看相关教学法案例请扫描下方的二维码：

（2）头脑风暴教学法 头脑风暴教学法是一种提升创造性思维的方法。它的特点是围绕提出的问题进行集体讨论，相互启发和激励，引发学生产生新观点的连锁反应。这些新观点相互碰撞，在脑海形成创造性风暴，最后对各种观点进行客观、连续的分析，从而找出解决问题的最佳方案。头脑风暴教学法的实施步骤如下。

1）起始阶段。教师解释头脑风暴教学法的概念及运作方法，并说明本节课要解决的问题，鼓励学生进行创造性思维，并引导学生进入议题。

2）观点产生阶段。学生即兴表达各自的观点和意见，教师应贯彻"无错原则"，即阻止其他同学对发言学生立刻发表评论。

3）总结评价阶段。师生共同总结，分析每条意见实施的可能性和采纳意见的原因，将理论结合到具体业务中。

（3）分组讨论教学法 分组讨论教学法是指采用小班制、对话式教学，课堂教学形式生动活泼，学生呈U字形状环绕教师而坐，这样便于师生之间交流。这种方式通常用于分组讨论，教师将学生分成提问组、专家组和评估组，三个组同时看一节课的教学内容（约20min），然后由提问组向专家组提问，之后交给评估组进行评估。教师只进行观察并在最后进行评分。

（4）四步教学法 四步教学法以掌握某一具体知识和技能为主要目的，比较适用于实验课教学。

四步教学法由以下 4 个步骤构成（以实验课为例），如图 1-2 所示。

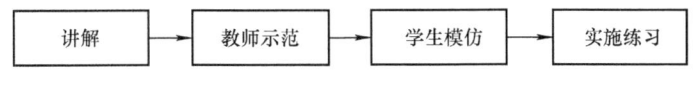

图 1-2　四步教学法步骤

1）讲解。教师以提问、复习、展示的方式引入主题。

2）教师示范。教师主要让学生明白为达到学习目标应该怎么做？为什么这样做？可以通过实物或教学用具向学生示范。

3）学生模仿。主要由学生按照教师的示范，自己动手模仿操作，或者通过提问方式让学生进行复述，了解学生的掌握程度。这一步骤要求教师做到"眼勤、腿勤、手勤、嘴勤、脑勤"，充分发挥教师的指导作用。

4）实施练习。教师对模仿过程进行归纳、总结，然后由学生自己独立练习，在初步掌握操作技能的基础上，配合相关练习最终达到完全掌握和熟练运用所学知识和技能的程度。四步教学法结束后，教师要对学生进行评价。

（5）文件夹教学法　教师为学生准备的任务书、学习资料、练习题等纸质文件，都事先打好装订孔，学生拿到后将资料装订到自己的文件夹里，便于学习和复习使用。经过积累，学生的文件夹内容日益丰富，比教科书更有参考价值。虽然这种方法看起来非常简单，但是反映出教师的认真态度，不放过任何教学细节，只要有利于学生学习的事情，都要尽心、尽力做好。文件夹教学法图解如图 1-3 所示。

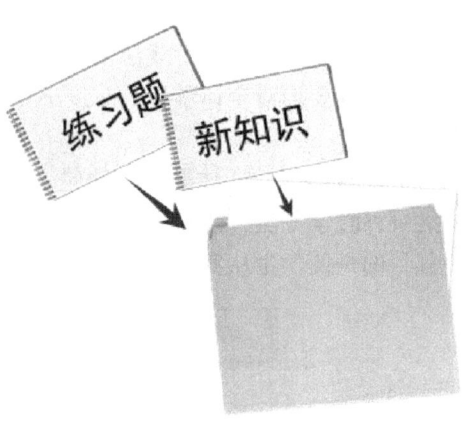

图 1-3　文件夹教学法图解

1.2.2　英国、美国职业教育常用教学方法

1. 主要教学思想

英美两国的主要教学指导思想为"以学生为中心"。

"以学生为中心"与"行为导向"既有区别又有联系，角色扮演教学法、分组（讨论）教学法等既属于"行为导向"，也属于"以学生为中心"。

"以学生为中心"相关教学法的 9 个原则如下。

1）充分考虑学生已具备的知识和经验。

2）充分考虑学生的需求和学习的偏好。

3）形成性评估，学生之间互评和自身评估有助于学生学习。

4）学生要开发职业技能。

5）学生非常积极参与整个学的过程。

6）鼓励学生成为独立的学习者。

7）鼓励学生有自己的想法，开发他们解决问题的能力。

8）课堂上开展活动和使用资源都是为了激发、支持学生学习。

9）教师应该起到学生学习推进器的角色，而不仅仅是知识的传播者。

"以学生为中心"教学方法的特点如下。

1)通过小组和独立的学习活动,探索知识,培养学生探索问题和解决问题的能力。

2)利用对概念的质疑,刺激学生互动,鼓励学生通过竞争和合作进行学习。

3)制作、使用适合职业教育的学习资源,选择有具体学习成果的活动,评估以学生为中心的学习。同时以形式多样的活动保障学生参与面广,学习程度深,更好地调动学生学习的积极性,很好地发掘学生的潜能,有效地将理论学习和实践密切联系起来,从而大大提高学生的学习质量。

2. "以学生为中心"的主要教学方法

"以学生为中心"的主要教学方法有项目独立操作法、职业课堂使用模型模具法、实际演练法、虚拟环境法及游戏法。其中虚拟环境法就是抓住问题的主要矛盾,假设不存在一些次要影响因素,虚拟出一个简单、理想环境,使问题变得容易分析,进而得出正确的结论。游戏法则以游戏形式,使学生在激烈竞赛中、在无比兴奋中,甚至在刺激和上瘾中,不知不觉地学到了教材中的内容。在使用游戏法的时候,游戏的开展要有目的性,游戏设计要多样化、生动有趣,游戏设计要面对全体学生、难度适中,要做好游戏中的组织工作。现简要介绍如下两种常见教学方法。

(1) 主题教学法 主题教学法是一种以主题内容为基础的教学方法。它是基于学生需求分析的一种教学方法,能够很好地运用到职业教育培训中,是一种理论与实践完美结合的好方法,其目的是使学生从实践中悟出理论知识。主题教学法基本步骤如下(图1-4)。

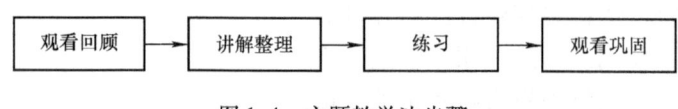

图1-4 主题教学法步骤

1)教师通过引导学生观看视频、图片来温故知新,并逐步介绍新的知识要点。然后鼓励学生在教师讲解后能多做自我评价,找到不足之处。学生观看视频、图片后分成多个小组,各自陈述已学的知识和讨论未学的知识,并做好笔记,以备自评时参考。这一步有助于学生初步认知新的知识点,提高专业知识口头、笔头表达能力。

2)学生在教师指导下重新阐述并整理知识点,然后教师将课件设计出有关知识要点和判断题,发给每个学生。学生完成后,教师给予评价和讲解,并指导学生将真命题书写在卡片上且依次排列,形成前后有序的段落。

3)教师针对学生应该掌握的知识要点和疑难问题,布置关键性和重要性的练习让学生完成。然后在此基础上布置知识要点扩展性练习让学生一并完成,教师给予讲解和指导,学生改正错误并对知识点进行查漏补缺。

4)可以给学生再次展示视频、图片,让他们在小组中讨论自己所见所学及看法感受,总结自己的学习过程、成果和问题所在,将这些记录下来形成学习总结。课堂上学生可以要求教师指导他们遗留的疑难问题,教师可以从中获得更多的信息反馈以改进教学,给出鉴定批复并发还学生,并组织学生进行信息交流与共享。

(2) 互动式教学法 互动式教学法就是通过营造多边互动的教学环境,在教学双方平等交流、探讨的过程中,不同观点碰撞交融,进而激发教学双方的主动性和探索性,达到提高教学效果的一种教学方法。

优点:互动式教学法特别鼓励学生和教师之间的互动。这往往采用在叙述式授课过程中安排问答时间,有时也称为讨论或提问。它既包含了叙述式教学方法中的成功要素,也包括了互动和反馈的方法。采用这种方式教学,有助于学生更加积极地参与教学过程,并提供互动因素,加强学生的思考能力。互动式教学法能够充分利用各种教学资源,及时提供反馈,让学生更积极地参与教学,同时给修正和扩展学习内容创造了更多机会。

1.2.3 国内职业教育的主要模式

更多职业教育研究队伍在模仿外国教学模式基础上,研究适合中国的教学模式,下面简要介绍渐进式教学模式、抛锚式教学模式。

1. 渐进式教学模式

(1) 简要介绍 分阶段从传统教学法渐进式过渡到现代模拟教学法,既强化学生实践技能的培养,又兼顾理论知识的传授,全面提升学生的思考能力、分析解决问题的能力、沟通技能和执行能力,适合运用于软件的学习。

(2) 教学模式 渐进式教学中各阶段次序并不具有绝对性,教师可以根据实际需要灵活对各阶段的教学手段进行调整,从而保证良好的教学效果。

1) 第一阶段:苏格拉底式教学法。苏格拉底式教学法本意是注重从学生的角度出发,"通过讨论而探索,探索到一个问题的更深的洞见"。在实施过程中,教师可向学生提出若干导入问题让学生回答,通过逐步启发,使学生领悟出正确的认识,找到合适的答案。

2) 第二阶段:分组和课堂讨论。首先,教师根据异质分组原则安排分组,选取具有较强协调能力的同学担任组长。其次,由教师确定讨论主题和大纲,明确引导学生搜集资料的方向,同时说明分组讨论的方法、步骤等事项。讨论过程中,教师适时地给予各组指导和帮助。最后,由各组小组长作为代表将各组的见解表述并进行课堂讨论。讨论结束后,教师可以对各组的见解进行评比,对观点新颖、表现突出的组队进行奖励,提高学生讨论积极性,达到分组和课堂讨论的教学目的。

3) 第三阶段:案例分析法。案例分析即在教师的指导下,根据教学目的、要求,组织学生对案例进行调查、阅读、思考、分析、讨论和交流等活动。案例选择最好是教师直接或间接经历过的实际案例,尽可能覆盖和贯穿全部的知识点。通过模拟其中的部分场景,教师可以全方位地将枯燥的理论和方法灵活、生动地表述出来,并配合苏格拉底教学法,启发学生进行更深层次的思考,帮助学生领悟理论知识的精髓,在对问题合理分析的基础上构建软件工程相关模型。

4) 第四阶段:角色扮演。通过前三个阶段的教学和指导,可以认为学生已经具备了独立思考和分析问题的能力,并掌握了模型构建技术和基本沟通技能。学生将通过体会项目工程中不同的职位和角色,进一步强化沟通意识和技能,培养自身的团队协作精神。角色扮演在实际教学中被分组执行,各组成员轮流扮演各类问题情景中的角色,同时组与组之间也进行交叉扮演。

5) 第五阶段:模拟教学。模拟教学法即是用模拟器来学习的一种课堂教学实践方法,也是最贴近现实的教学手段,因此作为最后一个阶段的教学实施手段。

2. 抛锚式教学模式

抛锚式教学模式是建构主义的一种教学模式。目前,基于建构主义理论的教学模式主要有抛锚式教学模式、支架式教学模式、随机通达教学模式等。其中,抛锚式教学模式作为一种基于问题的教学模式,要求学生在课堂教学过程中感受和体会问题及明确问题,整个教学内容和教学进程就被确定。近年来,抛锚式教学模式已被广泛应用到高等教学中,主要应用于模拟电子技术课程中。

1.2.4 国内常用教学方法

我国的职业学校多数采用外国的先进教学法,稍做改动以适应实际情况。本书介绍的尝试教学法、阶梯教学法就是基于中国国情,参考外国先进的职业教育教学法开发、研究的。除此之外,一些职业学校老师还提出了实践教学法等。

1. 实践教学法

实践教学法是指学生在教师指导下,运用一定的器材、设备或其他手段,按照一定的条件与步骤进行实践,以获得知识、培养技能的方法,与体验式教学法相类似。主要应用在模拟电子技术课程教学中,可使学生真正做到理论与实践的结合,提高综合素质。运用这种方法,应注意如下。

(1) 充分利用实验室授课　首先增强了学生的主体意识,在讲解基本的元器件时,学生在实验台上对号入座,熟悉电路基本器件和结构,对模拟电路知识有了一些感性认识,为进一步学习打下了良好基础。例如,在讲解基本放大电路时,把他们已经很熟悉的基本元件,按照电路图很快连好,使抽象的理论和实物相联系,增加了学生学习的兴趣。另外,通过课堂上简单的同步实验,学生从信号放大的实例就能够很快掌握电路放大理论,同时激发了学生的创造力,争先恐后地自己设计简单电路来进行验证。这样,不但加深了学生对理论知识的掌握,主动地运用理论知识指导实践,而且充分利用教学设备,取得了很好教学效果。从主讲实验的教师反馈信息来看,学生的实践能力大大提高,原来对设计型实验束手无策,现在都可以动手了。理论课教师和实验课教师认真进行教学研究,仔细分析理论教学内容和实践教学内容,把握后续课程所需的深度,把能在课堂上解决的问题当堂解决,实验课上减少验证性实验,增加设计型实验。最后让学生进行综合性实验,并对其结果给予评定。学生在综合性实验设计时,从元件的选取到参数的设定,再到电路图的绘制,都自己动手,最后自己进行焊接、安装,真正地做到理论和实践相结合。

(2) 采用现代化的教学手段现代化的教学手段应用得好会使教学锦上添花,增强教学趣味性,特别对于模拟电子技术这门课程更是如此。例如在讲解二极管、晶体管的微观结构时,采用课件进行讲解,生动、形象地展现了微观粒子的运动情况,让学生自己在计算机上操作,学生能很快地理解并掌握,给枯燥的理论赋予活力,使课堂变得生动而活泼。

(3) 采用模拟仿真软件　为进一步加强实践教学,在讲解比较复杂的电路时,用单个的元器件连接起来比较费时费力,而且实验结果不一定理想,这时可以充分利用计算机给学生做模拟演示,可应用 EWB、Multisim、Proteus、LabVIEW 等电路仿真软件。例如采用 EWB 软件,其直观的电路图和仿真分析结果的显示形式都非常适合于电子类课程课堂和实验教学环节,实验过程非常接近实际操作的效果,且元器件选择范围广,参数修改方便,电路调试快捷、方便,对课程中的绝大部分电路都适用。

2. 问题导向教学法

(1) 问题导向教学法概念　问题导向教学法(PBL 教学法)是以问题为导向的教学方法,与"问题引导,合作探究"教学法相类似,是基于现实世界、以学生为中心的教育方法。

(2) 问题导向教学法教学过程

1) 第一步:课程内容问题化。集体备课时,在认真研究教材、了解学生基础的前提下,将课程内容分解成一个个问题,重点是问题的设计。注意问题的提出方式、层次及学生可能出现的新问题等。

2) 第二步:课堂实践。在课堂教学中将问题展示给学生,用问题引导学生自主探究、学习。

3）第三步：课后反思。课后反思、调整问题、形成学案、二次备课。

（3）问题导向教学法的注意事项　关键是问题的设计。一般来讲，应随课堂内容而定，可以一个大问题包含一串小问题，也可以是相关的几个问题。但一般应遵循以下几个原则。

1）设计问题应立足学生知识基础，不可跨度太大。
2）有利于引导学生进行学习及探究。
3）在问题情境中提供相关的基本概念。

总之，使用各种教学法的目的就是要提高教育质量，促进学生的全面发展，培养适应社会需要的人才。教学法之间可相互参考、相互补充，所谓教无定法，只有在掌握多种教学法的基础上，根据专业教学内容特点灵活运用，才能真正掌握专业教学法。

思考与练习

一、填空题

1. _____是德国职业教育的主要教学模式。
2. _____是英国、美国职业教育的主要指导思想。

二、选择题

1. （　　）不属于行为导向教学法。
A. 模拟教学法　　　B. 卡片展示法　　　C. 头脑风暴法　　　D. 讲授法
2. （　　）不属于"以学生为中心"。
A. PBL教学法　　　B. 角色扮演法　　　C. 演示法　　　D. 主题教学法
3. 我国研究的教学法不包括（　　）。
A. 尝试教学法　　　B. 实践教学法　　　C. 阶梯教学法　　　D. 头脑风暴法

三、判断题

1. "以学生为中心"要求学生上课、教师辅导。　　　　　　　　　　　　（　　）
2. 分组讨论教学法是既属于行为导向的教学方法，又属于"以学生为中心"的教学方法。
　　　　　　　　　　　　　　　　　　　　　　　　　　　　　　　　（　　）

四、简答题

1. 简述"行为导向教学方法"的一般步骤。

2. 简述"行为导向教学方法"的特点。

3. 简述"以学生为中心"相关教学法的9个原则。

本章理论知识在线学习请微信扫描下方二维码：

第2章　以理论教学为主的教学法

2.1　讲授教学法

应用情境：机械学科有大量的基础知识，如机械零件设计、传动原理与系统、材料性能、热处理方法、误差与公差等，这些知识理论性相对较强，通常采用教师讲授的方法进行传授。熟练掌握讲授教学法，有助于在理论性强的课程中取得比较好的教学效果。

2.1.1　教学法理论

1. 概念

讲授教学法也称讲演教学法（简称讲授法），是指以教师为主导，由教师用口述方式向学生传授各种知识的教学方法。在这种方法中，教师系统地向学生传授知识，用言语传递特定内容，达成预设的学习目标，而学生则要尽可能完整、无误地表达所接受的内容。在以班级授课制为主要形式的现代课堂教学中，作为一个古老而传统的、以老师讲授给学生的教学方法，讲授教学法一直在课堂中普遍采用。

2. 起源

讲授教学法是人类传承文明、保持文化传统的基本方式。在文字产生之前，"口口相授"是延续人类集体文明的唯一手段，它可以说是承载了数千年的教育使命。

3. 基本方式

（1）讲述法　教师用形象、生动的语言描述或叙述某些事物或现象，使学生形成鲜明的印象与概念。

（2）讲解法　教师用富有理性的语言向学生说明、解释、分析、论证一些较为复杂的问题、概念、原理、规律等。

（3）讲演法　教师以演讲的形式去讲授知识，用翔实的材料、严密的逻辑、精湛的语言较系统地阐述原理、论证问题、归纳总结。讲演法要求有吸引人的逻辑力量和感染人的情感色彩。

4. 特点

1）利于教师充分发挥主导作用，教师可以由易到难、由浅入深地传递信息，利于学生接受。

2）易于教师控制教学时间，更利于在规定时间内完成教学任务。

3）在短时间内可以同时传递大量系统性的信息，经济、系统地传授人类文化遗产，单位时间效率高。

4）一位教师可以同时教许多学生，相对其他方法而言，学生数量上的限制最小，耗费课时少。

5）每一种教学方法的实施过程中都渗透着讲授教学法。因为无论哪一种教学方法，都离不开教师的讲解、点评和总结，离开了讲授教学法，其他教学方法难以独立存在。

5. 误区认识

1）单向信息传递使学生缺乏主动性。有些教师错误地认为讲授教学就是注入式教学。在他们眼里，学生接受知识必然是机械、被动的，而只有发现式学习才是积极、主动的。当前，不少教师不敢运用讲授教学法进行教学，怕被人认为不善于采用新的教学方法。

2）学生过分依赖教师。经有关专家论证，在每堂课上，学生能够集中注意力的时间最多为15min，之后所讲知识学生很难记住，可见讲授教学法的不利因素确实很多。但这些不利因素也不是一成不变的，教师在以讲授为主的课堂上，为什么不能穿插一些活动呢？这样，既可以避免教师疲劳，又训练了学生能力。

3）教学方式从"满堂灌"变为"满堂动"。有的教师认为课堂教学"学生活动越多越好"，完全以"满堂问""满堂动"取代了必要的"讲"，课堂上热热闹闹，结果学生什么也没有学到，基础知识和技能当然无法掌握。

6. 实施过程

在教学中运用的讲授教学法大体可分为三个阶段，即准备阶段、讲授的实施、教学后的反思。

（1）准备阶段

1）教师需要制订明确的学习目标。因为讲授教学法侧重的是向学生传递一套系统的、有价值的知识，因此学习目标更多地是描述学生要达到的行为。例如，在工程材料与热处理课程的教学中，掌握各种材料的性能，尤其是在机械行业广泛应用的各种金属材料，了解强化材料的基本途径，在工程实践中能正确选用材料是本课程的学习目标。

2）拟订和准备教学内容。教师需要收集有关资料，并按照内容的要点将材料加以整理，循序渐进、由浅入深地呈现主题。在教学过程中，应充分体现：脑中有纲、腹中有书、身中有践、目中有人、心中有的、胸中有方、步中有序、手中有案。例如，在机电一体化课程的教学中，光电编码器的讲解则分为增量式光电编码器（图2-1）和绝对式光电编码器（图2-2），那么讲解光电编码器时就要讲解两者的概念、特点、区别以及它们各自的使用等。

图2-1　增量式光电编码器　　　　　　图2-2　绝对式光电编码器

3）分析学生背景。虽然讲授教学法并不能照顾学生的个体差异，但学生的总体特点需要加以考虑。在教材选用、课时安排、实验选择、其他教学方法的辅助运用上均需考虑生源情况。对有自学能力者，在运用讲授教学法时可"点到为止"；对没有实践经验的学习者，在讲授过程中穿插直观演示、模拟训练等方法可以事半功倍。例如在中职课程电工电子技术中介绍钳形电流表（图2-3），讲解钳形电流表的表上各按钮以及其使用方法和用途时，由于该工具学生之前是基本上没有接触过的，那么插入实物教学、直观演示的讲授教学法效果会比较好。

（2）讲授的实施

1）导入。所占时间较短，其作用是引起学生的注意和引发学生的学习动机，也可将学生已有知识和新知识建立起内在联系。良好的开端是成功的一半，作为机械专业授课的教师可通过课程绪论部分，生动讲述机械技术的产生、发展及其对人类文化的影响，以激发学生的学习热情，激发学生探索机械技术奥秘的欲望。例如在讲授中职课程电工电子技术中的电压这一章，在介绍电压和电位这两个概念时，可以通过水的流动（图2-4）来进行导入，提问"为什么水会流动"，这样联系生活可以引起学生对各种知识的兴趣，由学生思考、老师引导回答，从而引出电压和电位概念——电压是由于电位的高低不同而形成的。

图 2-3　钳形电流表

图 2-4　水的流动

2）讲授。按讲授提纲所罗列的内容逐一讲解，讲授的内容要尽可能地与学生原有的知识基础发生联系，以符合学生的接受能力。在讲授过程中教师应注意技巧，突出重点，要讲到"点"上，这个"点"即重点、难点、关键点。同时讲授要注意带有启发性，要讲得思路清晰、要点清楚，但是不要讲得"面面俱到"，要给学生留下思考空间，以锻炼学生的智力，发展学生的思维能力。在讲授过程中，可不断地提出问题并解决问题，为学生提供科学地认识、解决问题的范例。例如在工程光学这门课中学习光的折射现象时，可以提出："为什么古人在捕鱼时，人往看到有鱼的位置叉下去，总是不能叉到鱼呢？"然后给出光的折射的原理图，如图2-5所示。

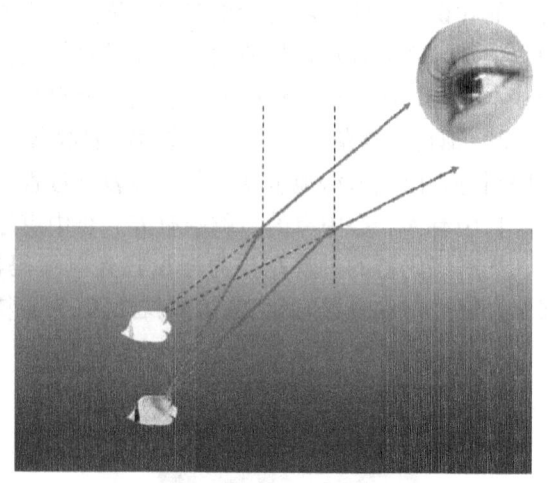

图 2-5　光的折射的原理图

这个问题既有趣，又能和自己学习的课程联系起来，这样可以让同学们更加明晰自己本节课的学习内容，有利于理清本节课的思路。

3）总结。综合讲解内容的要点，并将主要内容或结论总结起来再次展示给学生，使学生能够加深对这些问题和知识点的认识，形成对讲解内容的完整印象。成功的讲授，既要保证一堂课的完整性，归纳、总结课堂内容，做到画龙点睛，还要运用艺术性的语言激起学生探究的欲望和对下一堂课的渴望。可以利用板书的形式进行总结或者使用提问方式回顾本节课内容。

(3) 教学后的反思　可以认真考虑讲授教学中，是否真正激发出学生的动机，以及激发程度如何；教学目标是否达成，是全部达成还是基本达成；内容的讲授是否层次分明，系统是否完整；语言的表达在哪些方面还需要进一步改进；运用教学手段是否恰当；学生的反应是否热烈等。思考这些问题，能在一定程度上保证教师清醒地认识自己讲授教学的利弊、得失，并为今后的教学打下坚实的基础。

7. 教学法评价方法

(1) 优点

1) 讲授教学法有利于大幅度提高课堂教学的效果和效率。讲授教学法具有两个特殊的优点，即通俗化和直接性。教师的讲授能使深奥、抽象的课本知识变成具体形象、通俗易懂的内容，从而消除学生对知识的神秘感和畏难情绪，使学习真正成为可能和轻松的事情；讲授教学法采取定论的形式直接向学生传递知识，避免了认识过程中许多不必要的曲折和困难。所以，讲授教学法在传授知识方面具有无法取代的简捷和高效两大优点，这也就是讲授教学法长盛不衰的根本原因。

2) 讲授教学法有利于帮助学生全面、深刻、准确地掌握教材，促进学生专业能力的全面发展。教材作为学生学习的学科知识体系的一个蓝本，不仅汇集着系统的学科知识，而且还蕴藏着许多其他有价值的内容，如学科的思想观点、思维方法及情感因素。但是，由于教材的编写要受到书面形式等因素的限制，对学生来说，不仅知识本身不好懂，其所潜藏的内涵更不易发现。而教师由于闻道在先，术业有专攻，能够比较全面、准确地领会教材的编写意图，吃透教材、挖掘教材的深邃内涵。所以，正是借助教师的系统讲授和精辟分析，学生才得以比较深刻、准确地掌握教材，不仅学到学科的系统知识，而且还领会和掌握了蕴含在学科知识体系中的学科思想观点、思维方法和情感因素。这样，学生的学科能力也就得到了全面提高。

3) 讲授教学法有利于充分发挥教师自身的主导作用，使学生得到远比教材多得多的东西。任何真正有效的讲授都必定是融进了教师自身的学识、修养、情感，流露出教师内心的真、善、美。所以，讲授对教师来说，不仅是知识方法的输出，也是内心世界的展现。它潜移默化地影响、感染、熏陶着学生的心灵。可以说，它是学生认识人生、认识世界的一面镜子，也是学生精神财富的重要源泉。

4) 讲授教学法是其他教学方法的基础。从教的角度来看，任何方法都离不开教师的"讲"，其他各种方法在运用时都必须与讲授相结合，只有这样，其他各种方法才能充分发挥其价值。所以，可以认为，讲授是其他方法的工具，教师只有讲得好，有效运用其他各种方法才有了前提。从学的角度来看，接受法也是学生学习的一种最基本的方法，掌握其他各种学习方法大多是建立在掌握接受法的基础上。学生只有学会了"听讲"，才有可能潜移默化地或自觉系统地把教师的教法内化为自己的学法，从而真正地学会学习，掌握各种方法。

(2) 缺点

1) 讲授教学模式，把现成的知识教给学生，往往会使人产生只要学生听课就能直接获取知识的错觉。实际上，学生真正掌握任何知识都是建立在有机结合新旧知识和自己独立思考上。而在讲授教学法中，教师把知识讲解得清清楚楚，学生以听讲代替思考，即使有自己思维参与，也是被教师架空起来的，因为要和教师同步进行，这样也就把学生在独立思考中必然要碰到和解决的各种必要的疑问、障碍和困难隐蔽起来。结果，学生听起来好像什么都明白，事后却又说不清，一遇新问题就会手足无措。这样不靠思维获得知识，不仅知识本身掌握不牢固，更谈不上举一反三。

2) 讲授教学法容易使学生产生依赖和期待心理，从而抑制了学生学习的独立性、主动性和创造性。讲授教学法渊源于传统的教师中心论，教师是知识的象征，一切知识得由教师传授给学生，所以，这种方法在运用过程中也容易使教师产生重教轻学的思想。教师往往只考虑自己怎么讲、怎样讲得全面、细致、深刻、透彻，似乎只有这样，学生才能掌握得越多越好，长此以往，就会使师生产生心理定式，教师不讲就不放心，总觉得不讲学生就学不到东西，于是，注入式、满堂灌便应运而生，并愈演愈烈。而学生也不知不觉地形成了依赖心理，一切问题等待教师来讲解，尤其教师讲得越好，这种期待和依赖心理就越强烈。正是这种期待和依赖心理严重地削弱了学生学习的主动性、独立性和创造性。这是目前讲授教学法运用过程中存在的一种相当普遍的问题，也是一种危害性很大的问题。

（3）注意要点

1）选择合适的讲授内容。在新课程教学中，在确定了以学定教的原则后，需要教师根据学生的情况和基础选择合适的教学方式和教学手段。有的教学内容，如概念的定义、历史文化、数学法则，就常常需要使用讲授教学法。因为概念的定义和有的数学法则根本就是不允许探究的，只能使用讲授教学法。如果让学生根据教学创设的情境去自己给出概念的定义，容易产生先入为主的思想，会对学生正确地理解和记忆定义产生影响。例如，"负负得正"这个问题，它就不容易用生活来解释，它不好找生活中相应的模型解释，不好探究，用讲授教学法就比较合适。

2）讲授要富于启发性。在讲授式教学中，教师要注意启发和引导学生思考。因而有效地提问在讲授式教学中就显得尤为重要。古人云：学起于思，思源于疑。因此，在课堂教学中教师要有意识地设置一些与本节教学内容相关的问题，使学生产生疑问，激发其探求问题奥妙的积极性。例如在教"乘方"一节时，就可以提出这样一个问题："有人说，一张薄纸对折30次其高度就可以超过珠穆朗玛峰了，你相信吗？"这样就很好地调动了学生的好奇心和求知欲。

3）注重讲授的趣味性。教学情境以实际问题为切入点，是新课程的一个特点。在讲授过程中，尽可能地使讲授的内容贴近学生的生活实际，或者辅助以画图、学生手工操作，增强学生的感性认识，将抽象的、甚至枯燥的数学原理寓于生活事例中。然而，数学毕竟是严谨的、理性的，数学概念是简洁、纯净、准确的，生活中没有真正的数学原型。一方面，要让学生通过生活中的模型，得到关于数学知识的感性认识，如认识生活中的圆锥、正方体等，有助于认识、学习和运用圆锥等数学立体模型，如图2-6所示。另一方面，又要引导学生从现实模型中走出来，总结一般的规律，上升到理性认识，这正是讲授教学法所擅长的。

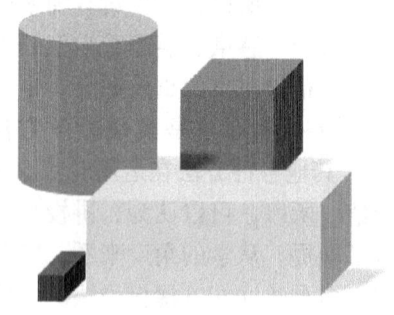

图2-6 立体模型

4）注意与其他教学法的融合。在众多教学方法中，讲授教学法是最古老、最基本的方法，有它的优势，也存在一定的弊端。过多地讲授会让不同层次的学生所掌握的程度不同，针对这样的现象，要求在课堂教育过程中将多种方法的结合。在与其他教学方法综合运用时，特别应注意扬长避短。可以先把整节课的知识点罗列出来，然后选择不同的教学方法进行教学。多种教学方式融合时可以分为并列式和连贯式：并列式是为了讲述清楚一个重点或难点，用多种教学方式去讲解该知识点，并列式一般和演示法、操练法、游戏法等结合；连贯式是完成一种教学活动后进行另一种教学活动，可以是相同知识点，也可以是不同的知识点，进行连贯式的一般形式有演示——讨论——讲授、讲授——操作——讨论、谈话——讲授——联系。不同的教学方式能不同程度地调动学生的积极性，但是在各个知识点之间的过渡，主要采用讲授教学法，讲授教学法充当帮助理解和总结归纳的角色。无论什么教学方法，都是为了达到最理想的效果。

2.1.2 案例1：工艺尺寸链

案例选择思想：尺寸链的学习是一个全新的内容，采用讲授教学法讲授尺寸链的概念、特征及其计算，能使深奥、抽象的课本知识变得具体、形象，有利于学生接受。

1. 第一阶段：创设情景，问题导入

教师行为	学生行为	设计意图
① 拿出一个套筒展示给学生看，如图2-7所示 ② 提问（例如，在加工套筒的时候，工艺尺寸链该如何保证精度）	① 认真观察套筒 ② 思考问题	① 在此过程中，教师通过实体导入，不仅复习了前面所学 ② 实体更有助于学生建立对尺寸链的空间思维，激发学生的求知欲

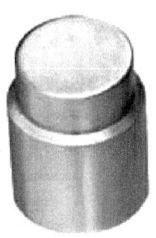

图2-7　套筒

2. 第二阶段：实施过程

（1）讲授

教师行为	学生行为	设计意图
① 讲授课本知识 a. 结合图2-8所示尺寸链组成讲解工艺尺寸链的定义和特征 b. 重点讲解尺寸链的组成和尺寸链图的作法 ② 讲授尺寸链的基本计算式，结合图2-9所示多环尺寸链讲解 ③ 给出一简单尺寸链，设计问题，并让学生思考回答	① 听讲 ② 认真做笔记 ③ 配合教师提问，回答问题	① 掌握尺寸链的概念 ② 深入学习尺寸链各方面的知识，为后面学习尺寸链计算题打下基础 ③ 加深对课程内容的理解

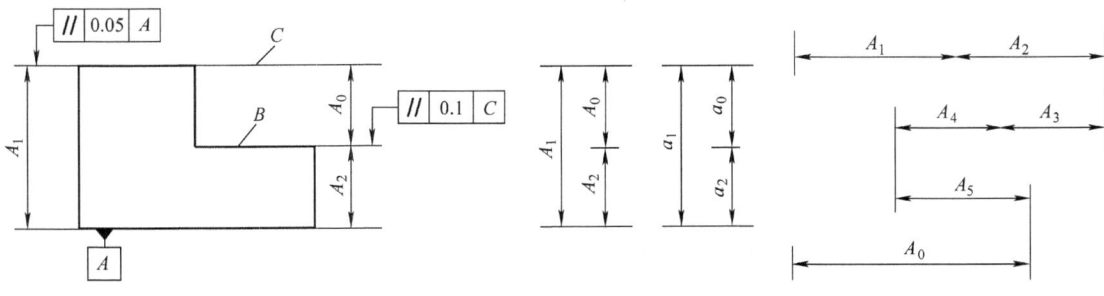

图2-8　尺寸链组成　　　　　　　　图2-9　多环尺寸链

(2) 总结

教师行为	学生行为	设计意图
① 引导学生回顾本节课讲课要点 ② 板书本节课重、难点内容并布置作业	① 配合教师回顾 ② 做笔记 ③ 记录作业	① 使得学生掌握尺寸链绘制的整个过程 ② 巩固重、难点学习

3. 第三阶段：教学反思

教师行为	学生行为	设计意图
① 教学目标是否达到 ② 学生课堂反应是否激烈 ③ 学生对尺寸链计算的掌握情况如何	是否掌握了尺寸链的相关知识及其计算	有利于师生更好地评估课堂效果

应用拓展：讲授教学法应用比较广泛，适用于液压流体力学基础、气压传动基础知识、刚体静力学、刚体动力学中的质心运动定理、工程材料中的材料性能、铸铁类型及特点、滚动轴承类型及使用等机械类理论性较强的教学内容。

查看相关教学法案例请扫描下方的二维码：

2.1.3 案例2：卧式车床的介绍

案例选择思想：卧式车床是金工实习的必修设备。车床是利用工件的旋转运动和刀具的移动来改变工件尺寸大小的加工设备。在实习过程中，通过讲授教学法，在现场讲解车床的型号、结构及各个手柄的使用能使学生直观地接受知识，化复杂为简单，通过口述的形式把知识传递给学生，这有利于学生了解和掌握。

1. 第一阶段：创设情景，问题导入

教师行为	学生行为	设计意图
① 展示一个轴类零件给学生，如图2-10所示 ② 提问（例如，可以通过什么方法得到这样的零件）	① 认真观察零件 ② 思考问题	① 在此过程中，教师通过讲导入，可以让学生回顾以前学过的知识（读、识能力） ② 较复杂的零件更有助于学生全面了解车床的功能，激发学生的求知欲

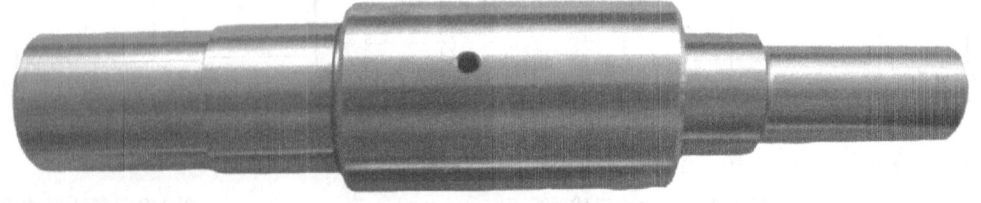

图2-10 轴类零件

第 2 章　以理论教学为主的教学法

2. 第二阶段：实施过程
（1）讲授

教师行为	学生行为	设计意图
① 讲授车床的发展 ② 讲授本次实训所要学习的车床，如图 2-11 所示 ③ 重点讲解车床的型号、运动及各个手柄的名词和作用 ④ 适时向学生提出问题	① 听讲 ② 认真做笔记 ③ 配合教师提问，回答问题	① 迅速了解车床的知识 ② 通过实际操作演练和口述能加深学生的理解

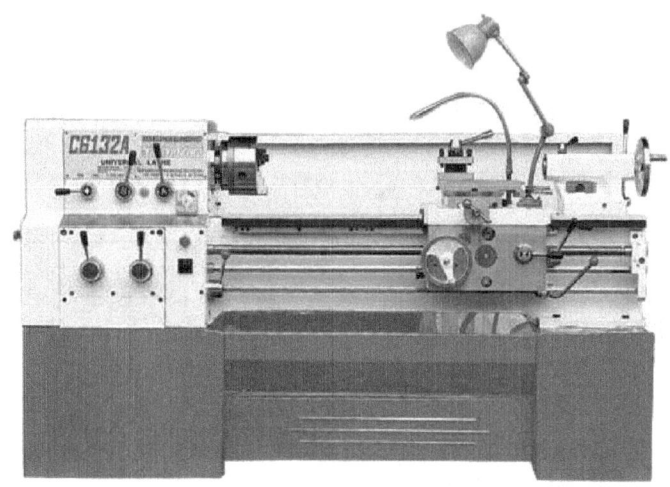

图 2-11　C6132A 卧式车床

（2）练习

教师行为	学生行为	设计意图
① 解答学生的疑问 ② 指导学生练习使用车床	① 提出疑惑 ② 掌握各个手柄的使用方法 ③ 结合零件，设想应该怎样操作	① 通过练习能巩固知识，加深对车床的认识 ② 通过练习能发现存在的问题

（3）总结

教师行为	学生行为	设计意图
① 引导学生回顾本节课使用的车床 ② 传授在练习过程中的注意事项和操作的技巧 ③ 布置课后思考作业	① 配合老师回顾 ② 做笔记 ③ 记录作业	① 使得学生清楚车床的名称、手柄的使用方法等 ② 巩固知识点

3. 第三阶段：教学反思

教师行为	学生行为	设计意图
① 教学目标是否达到 ② 学生课堂反应是否激烈 ③ 学生对车床的掌握情况如何	思考是否掌握了车床的功能和相关操作	有利于师生更好地评估课堂效果

应用拓展：讲授教学法应用比较广泛，如加工设备的介绍、设备按钮的使用、加工工艺的制订及加工进给的速度等机械加工实训课。

2.1.4 案例3：认识变压器

案例选择思想：学生在日常生活中较少注意到变压器，对变压器的认识相对也会比较少，且变压器学习内容比较多，采用讲授教学法能更加系统地讲授变压器相关内容，帮助老师实现、制订预期目标，使学生获得一个良好的学习效果。

1. 第一阶段：创设情景，问题导入

教师行为	学生行为	设计意图
① 播放变压器的基本结构的视频，根据刚刚看的视频提问变压器内部结构器件名称 ② 问题引入。直接引用生活中常见的变压器，如图2-12所示 ③ 提问（例如，现实生活中哪里可以见到变压器呢） ④ 引导学生回答	① 观看视频，回答教师问题 ② 类比举出其他变压器应用的例子	① 让学生对变压器基本结构有一个了解，激起学生对变压器的兴趣 ② 引用生活中的例子，使得学生更容易接受变压器的学习

图2-12 生活中常见的变压器

2. 第二阶段：实施过程

（1）讲授

教师行为	学生行为	设计意图
① 从变压器的结构出发，讲解变压器两种常用的结构，如图2-13所示 ② 以变压器原理为重点，讲解变压器工作原理时，可以结合变压器原理图讲解，如图2-14所示 ③ 讲解认识与测试变压器的特性。例如讲解认识变压器的阻抗变换作用，则需要结合变压器原理图和交流电路欧姆定律，表示电流电压的有效值的关系，从而可以将新旧知识联合运用 ④ 讲解几种常用的变压器。结合导入时所提出的问题，列举几种常用的变压器，如自耦变压器、小型电源变压器、电压互感器、电流互感器、三相变压器等。重点讲解三相变压器，可结合三相变压器原理图，如图2-15所示，讲解其电力传输的三相三线制和三相四线制具体运用	① 认真听讲 ② 配合教师讲课，互动回答问题 ③ 做笔记	① 让学生基本掌握变压器的结构 ② 让学生更加深入了解简单变压器的基本原理 ③ 根据已掌握的变压器知识来学习新的知识 ④ 了解更多变压器，增强其观察生活中变压器的兴趣

第 2 章 以理论教学为主的教学法

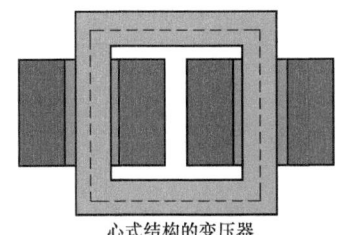
心式结构的变压器

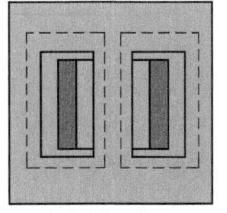
壳式结构的变压器

图 2-13 变压器结构

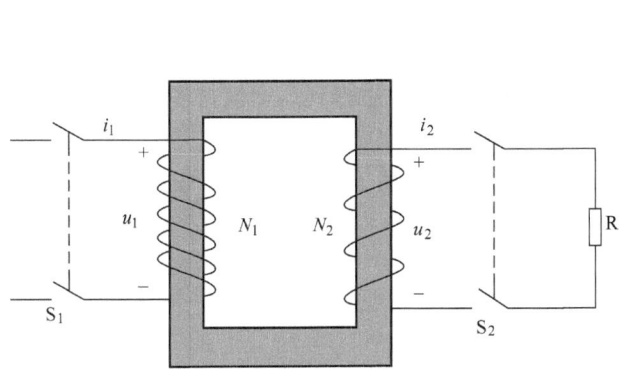

图 2-14 变压器原理图

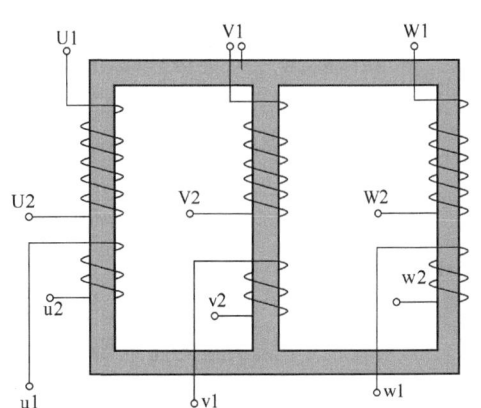

图 2-15 三相变压器原理图

（2）总结

教师行为	学生行为	设计意图
① 引导学生回顾本节课要点 ② 板书本节课重、难点内容 ③ 布置作业	① 配合教师回顾 ② 做笔记 ③ 记录作业	① 使得学生建立一个对变压器学习的完整思路 ② 巩固学习

3. 第三阶段：教学反思

教师行为	学生行为	设计意图
① 教学目标是否达到 ② 学生课堂反应是否激烈	是否清楚掌握了变压器的相关知识	有利于师生更好地评估课堂效果

应用拓展：讲授教学法可用于交流电动机调速控制、直流电动机调速控制、场效应晶体管放大电路、集成电路、信号处理、PLC 应用技术、继电器控制技术基础、电气控制系统设计计算、三相正弦电流的认识等电类理论性较强的教学内容。

思考与练习

一、填空题

1. 讲授教学法是指以_____为主导，由教师以_____向_____传授各种知识的教学方法。

2. 在教学中运用的讲授教学法大体可分为三个阶段：_____、_____、_____。

3. 讲授实施分为_____、_____、_____三个阶段。

二、选择题

1. （　　）为讲授教学法的基本方式。
1. 讲解法　　　　　B. 演示式　　　　　C. 互动式　　　　　D. 配合式
2. （　　）为讲授实施过程的顺序。
A. 讲授—总结　　　B. 导入—讲授—总结　　C. 导入—提问—讲授
3. 讲授教学法起源于（　　）。
A. 17世纪希腊　　　B. 15世纪捷克　　　C. 15世纪希腊　　　D. 19世纪捷克

三、判断题

1. 课堂教学"学生活动越多越好",完全以"满堂问""满堂动"取代了必要的"讲"。（　　）

2. 讲授教学法有利于充分发挥教师自身的主导作用,使学生得到远比教材多得多的东西。（　　）

3. 讲授教学法容易使学生产生依赖和期待心理,从而抑制了学生学习的独立性、主动性和创造性。（　　）

四、简答题

1. 讲授教学法实施的注意要点是什么?

2. 讲授教学法的概念是什么?

3. 讲授教学法的特点是什么?

2.2　演示教学法

应用情境:在教学过程中,经常会遇到一些比较难理解或者学生从未接触过的物体。例如蜗杆传动、机械课程中齿轮箱的拆装等,教师可通过演示教学法,把实物呈现在学生面前,通过一边讲解一边演示的方法,直观地把教学内容展示给学生。

2.2.1　教学法理论

1. 概念

演示教学法(简称演示法)是指教师使用一些直观教具或实物进行演示实验,或者使用多媒体直观教学,配合谈话或讲解引导学生进行系统观察,使学生对事物获得感性认识,在感性认识的基础上理解数学概念和算理,验证间接知识,即把一些抽象的知识和原理简明化、形象化,帮助学生加深对知识、原理的认识和理解。

2. 起源

战国时期的教育家荀况就提出,教学要以"闻见"为基础。宋代医学家王唯一制作了两个铜人(图2-16),作为教学模型和进行针灸技术测验时使用。在西方,比利时学者维萨利乌斯于1537年在帕多瓦对众讲学,并对学生演示了人体解剖,如图2-17所示。

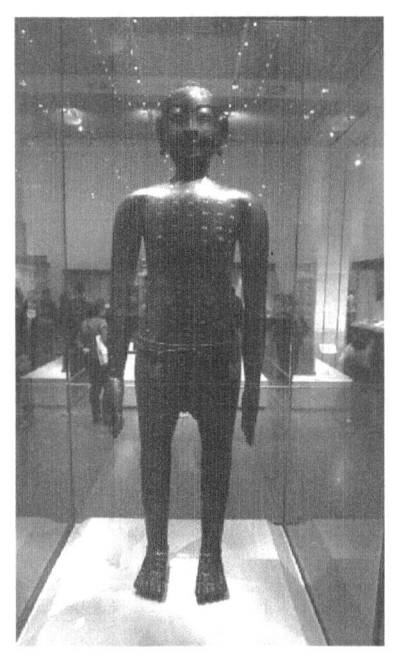

图2-16 铜人

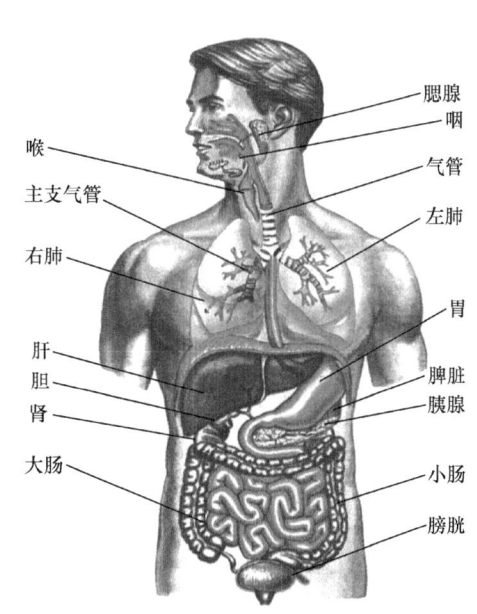

图2-17 人体解剖图

3. 特点

演示教学法实际上是以演示为中心,引领学生在演示中掌握知识,带动知识和技能发展的学与教方式。这种教学方法适用于测量工具使用和认识机械零件结构的学习,尤其适用于软件方面的知识和技能。此外,演示教学法在电工工具使用、软件类课程教学中也得到广泛运用。有效地实施演示法,应注重理解和利用直观性。

学生的认识,对书本知识的掌握是以感性认识为基础的;学生的思维发展正处在从具体形象思维向抽象逻辑思维过渡的阶段,尤其是低年级学生,仍以具体形象思维为主;从教育效果看,运用直观手段,使学生感到具体形象、生动有趣,利于巩固所学知识。直观性是指在教学中要通过学生观察所学事物或教师语言的形象描述,引导学生建立所学内容、过程的清晰图像,从而使他们正确理解书本知识和发展认识能力。

此外,利用演示教学法时还应该注意鲜明性、生动性、真实性等特点。

4. 实施过程

(1)演示准备 演示准备包括手段准备和心理准备。手段准备主要针对教学目的和内容确定教学手段,制订演示计划,准备相关材料。心理准备是对教学预期目标的把握以及学生身心特征的了解。

(2)展示媒体 依照演示程序呈现媒体,这一环节要注意媒体的摆放位置,确保每名学生都能观察到,同时还要向学生介绍所使用媒体的特点或结构组成。例如,简单减速箱外观绘制演示,在展示的同时,要向学生介绍使用的绘图工具、目标模型以及正确操作的方法等。

(3)提出主题 在机械类课程中采用演示教学法,应根据具体内容来定。在进行这一环节时，教师要注意营造一定的演示氛围，引发学生的学习兴趣，同时提出演示主题，向学生介绍演示主题的重要性，让学生进入参与演示教学的状态。例如在进行万用表使用的教学时，可展示手机电源电池，并指着铭牌上标有的额定电压，提问"如何得知电池的电压？"

（4）说明目标 在这个环节，教师要说明演示要达到的目标，讲解演示中涉及的相关知识，布置观察时的注意事项，让学生在观察演示前对演示主题有基本认识，以便在观察时能把握重点。假如没有向学生说明演示目标，学生不带目的地观察演示，效果肯定不明显。例如讲解万用表使用时可采用演示教学法，但是对于电压测量、电流测量、电阻每一种的要求是不一样的，在用万用表进行操作演示的时候，应该让学生明白，怎样根据要测量的对象来选择万用表的测量性质。

（5）进行演示 在说明概况的基础上，进行操作演示，完成演示的整个程序，要求学生对演示主题有整体性地认识。如果有必要的话，可以进行第二次或第三次演示，将演示分成几个部分，逐一分解并详细演示。很多时候老师演示一遍，学生很难把握其中的要点，这个时候就需要老师进行多次演示，甚至把演示进行分解。例如，在讲解万用表使用时，进行档位选择的时候，为了便于学生理解，可分别把电压、电流、电阻的测量方式进行演示。

（6）提示要点 演示过程中，教师要适时提醒并指出哪些内容是重要的或本质的，帮助学生抓住要点、掌握知识。注意提示要点这一步骤是贯穿于整个演示过程的。例如演示万用表电流的测量时，可强调档位的选择，另外调换电池和插座正、负极测量，得出"直流电没有正负之分，而交流电有正负之分"的结论，通过这些演示，更有利于学生掌握要点。

（7）练习强化 在这个环节，教师可以提出问题，让学生围绕演示主题做进一步思考，也可以让学生自己动手操作，按照教师演示的步骤进行练习，通过这一环节，使演示教学的效果得到进一步强化。一定要注意避免为了演示而演示，演示教学是为了解决具体的教学问题。学生在观看了演示后，应该进行相应的思考，把演示中看到的现象进行归纳；甚至需要的时候，让学生自己也动手进行演示，强化对现象的理解。

5. 教学法运用原则

1）符合教学需要和学生实际情况，有明确的目的。

2）使学生都能清晰地感知到演示的对象。

3）在演示的过程中，教师要引导学生进行观察，把学生注意力集中于对象的主要特征、主要方面或事物的发展过程。

4）要重视演示的适时性。

5）结合演示进行讲解和谈话，使演示的事物与书本知识的学习密切结合。

6. 教学法评价

（1）优点

1）使学生获得感性认识，形成正确概念。人们认识客观世界是从感觉和知觉开始的，没有正确的感、知觉，就不可能认识事物的本质和规律，也就不可能获得任何知识。教师结合教学内容采用演示教学法，向学生展示有关的机械零件，使学生通过机械零件直观和间接感知而获得感性认识，并上升到理性认识，形成正确的机械概念，掌握机械类知识。例如教师讲解减速器结构，如图2-18所示，配合实体减速器讲解会使学生更好掌握减速器的内部结构及外观构造。演示教学法还能帮助学生更好地理解和记忆，对于机械零件的细微结构和复杂运作情况的知识学生学习时感到抽象、难以理解和记忆，演示有关教具、实验可使学生加深印象，在理解的基础上达到牢固记忆。

2）唤起学生学习欲望，提高学生学习兴趣。学习动机是指直接推动学生进行学习活动，达到某种目的的一种内部动力。学生对机械学的兴趣,是激发学生学习欲望的重要因素。要使学生产生学习兴趣,必须使学生在学习中得到乐趣,因为另有对机械学学习兴趣浓厚的学生,才能在学习过程中贯注全部热情,津津乐道。教师演示各种直观手段时,直观手段的鲜明性、生动性、真实性,有助于集中学生的注意力,提高学生的兴趣。

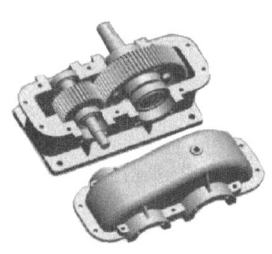

图 2-18 减速器结构图

3)利于学生观察能力、思维能力、想象能力的培养。演示教学法为学生提供了大量观察机械结构和产品等的条件,并要求学生认真、仔细观察,积极思考,更加锻炼了学生的观察能力,培养学生思维能力和丰富的想象力。

(2)缺点 它更侧重于单向地接受知识,是接受性的学习,主要以老师活动为主,学生的自主性比较少。这样就有可能忽略了学生的个体差异;容易造成学生对数学教学内容的认识停留在表面上;它需要与其他方法配合使用,才能发挥更大的作用。故在使用时注意以下问题。

1)根据学生的具体情况运用演示教学法。根据美国心理学家加德纳教授 1983 年提出的多元智力理论,人类的知识表征与学习方式有许多形态,个体差异在教学中不可忽视。据此,学生应具有很大的可塑性。只要抓住了学生的年龄特点,因材施教,把一些理论性较强的原理采用适于文娱活动的形式表演出来,同样能激起学生的学习热情,提高教学效果。总之,要充分利用演示教学法直观、鲜明、生动、真实的特点,集中学生的注意力,提高学生的学习兴趣。

2)控制演示时间,难度不宜太大。演示不宜过于复杂,难度也不宜太大,否则学生理解不了,也就不会产生学习的积极性,自然也就达不到预期的教学目的。

3)演示内容要贴近生活。在案例教学中,演示教学法可以充分发挥教师和学生的主观能动性,使课堂不再沉闷、枯燥,也可以使学生的主体地位得到充分体现。需要注意的是,如果教师演示的内容让学生感到陌生、遥远,那就不能激发起他们的学习兴趣。因此,演示内容一定要贴近生活,这样,教师的演示才能引起学生的共鸣。

2.2.2 案例1:凸轮机构

案例选择思想:凸轮机构的讲解比较抽象,且其分类也很多,机构运动讲解利用动画、视频教学会比较直观,更能利于学习者掌握凸轮机构运动的知识。

1. 演示准备

教师行为	设计意图
① 制订演示计划,准备相关资料(准备动画、视频、PPT) ② 了解本节课前学生对凸轮学习的概念	有利于教师制订预期教学目标

2. 提出主题

教师行为	学生行为	设计意图
① 引导学生复习高、低副的知识点 ② 提出凸轮机构的概念 ③ 提问生活中所见的凸轮机构	① 配合教师,回忆知识点 ② 思考生活中所见凸轮机构 ③ 回答问题	① 检查学生学习情况并为本节课的高副机构——凸轮机构准备相关的知识 ② 思考生活中所见凸轮,更能突出凸轮在生活中的重要性,引起学生的学习兴趣

3. 说明目标

教师行为	学生行为	设计意图
① 说明凸轮机构的组成 ② 说明凸轮机构按照形状或从动件的分类情况 ③ 分析凸轮的运动	① 认真听讲 ② 记录教师所提出的演示目标	① 学生在观察演示前对演示主题有基本认识，以便在观察时能把握重点 ② 带着问题学习更能增强学习效果

4. 进行演示

教师行为	学生行为	设计意图
① 呈现凸轮机构实体 ② 播放典型凸轮机构视频，如图 2-19 所示 ③ 播放按照形状分类的三个凸轮视频 ④ 播放第二组凸轮按照从动件分类的三个凸轮视频 ⑤ 利用动画演示从动件运动曲线上的参数和盘形凸轮轮廓曲线的绘制，如图 2-20 所示	① 认真观察视频 ② 做记录	① 直观向学生展示教学内容 ② 更有利于学生理解和掌握教学内容

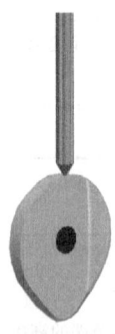

图 2-19　凸轮机构视频

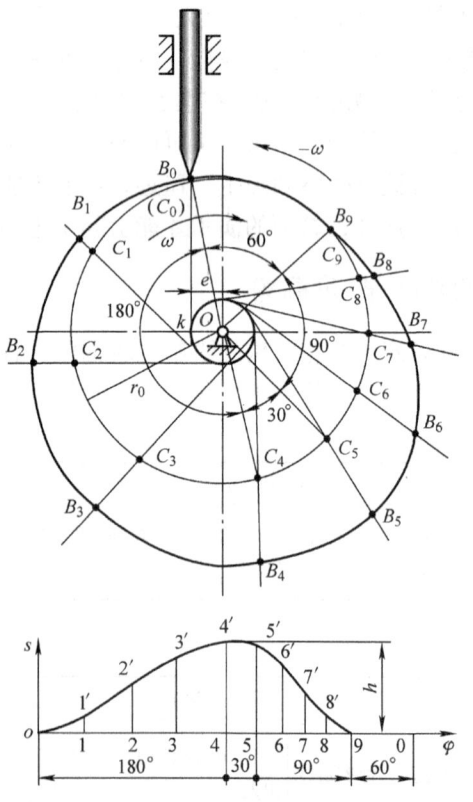

图 2-20　盘形凸轮轮廓曲线的绘制

5. 提示要点

教师行为	学生行为	设计意图
① 在视频相应的位置提出问题,如凸轮机构的组成、分类等 ② 在重点处加以强调	① 思考、总结、回答凸轮机构的组成 ② 回答凸轮的分类	帮助学生抓住要点、掌握知识

6. 练习强化

教师行为	学生行为	设计意图
① 总结所学内容并布置练习习题 ② 再次播放视频、提出问题,如凸轮机构的运作特点	① 再次观看视频 ② 利用所看到的视频,思考问题、回答问题	① 有利于学生牢固掌握所学的知识 ② 帮助学生拓展新知识

应用拓展:演示教学法可用于 CAD 制图、碳钢热处理工艺过程、数控铣床操作、四杆机构运动、钳工中使用锉刀的正确姿势、卧式车床正确换刀及其他操作等机械类实践技能要求比较高的教学内容。

查看相关教学法案例请扫描下方的二维码:

2.2.3 案例2:自定心卡盘的拆装

案例选择思想:机械零件课程是机械专业的必修课,在讲解机械零部件的时候如果能引入演示教学法,这样不仅能加深学生的印象,而且能提高教学效果。自定心卡盘是利用盘体上三个活动卡爪的径向移动,将工件夹紧和定位的机床附件。在讲解自定心卡盘的结构时,引入演示教学法,通过学生自己动手拆装,观察卡盘的结构,这样能让学生运用学到的知识,可以帮助学生更好地掌握所学内容。教师在整个教学过程中起引导、组织、激励的作用,同时,演示教学法可以培养学生的探索精神和工程意识。

1. 演示准备

教师行为	设计意图
① 制订演示计划,准备相关资料(自定心卡盘、扳手等) ② 了解本节课前学生对自定心卡盘的认识	有利于教师达到预期教学目标

2. 提出主题

教师行为	学生行为	设计意图
① 引导学生回顾机械零件的相关知识点 ② 提出自定心卡盘的作用 ③ 提问自定心卡盘可以装夹哪些工件和它的工作原理	① 配合教师，回忆知识点 ② 思考问题 ③ 回答问题	① 检查学生学习情况并为本节课的自定心卡盘的拆装做好准备 ② 思考自定心卡盘的工作原理和装夹的工件，更能突显本节课的知识点，引起学生的学习兴趣

3. 说明目标

教师行为	学生行为	设计意图
① 说明自定心卡盘机构组成 ② 说明哪些是自定心卡盘的正爪和反爪 ③ 分析自定心卡盘的运动	① 认真听讲 ② 记录教师所提出的演示目标	① 学生在观察演示前对演示主题要有基本认识，以便在观察时能把握重点 ② 带着问题学习更能提高学习效果

4. 进行演示

教师行为	学生行为	设计意图
① 展示自定心卡盘（正爪）实体，如图2-21所示 ② 播放自定心卡盘装夹工件视频 ③ 播放自定心卡盘拆装视频 ④ 现场演示自定心卡盘的拆装	① 认真观看自定心卡盘和视频 ② 做记录	① 直观地向学生展示教学内容 ② 利于学生理解和掌握教学内容

图 2-21　自定心卡盘（正爪）

5. 提示要点

教师行为	学生行为	设计意图
① 在拆装时提出问题，如先拆哪里，然后拆哪里等 ② 强调重点和拆装注意事项上	① 思考总结并回答问题 ② 做好笔记	帮助学生抓住要点、掌握知识

6. 练习强化

教师行为	学生行为	设计意图
① 分组拆装 ② 一边播放视频，一边指导学生拆装自定心卡盘 ③ 总结所学内容	① 观看视频 ② 动手拆装、提出问题 ③ 总结本次课内容	① 有利于学生牢固掌握所学的知识 ② 帮助学生拓展新知识

2.2.4 案例3：万用表的测量

案例选择思想：万用表是比较常用的测量工具，由于现在大多数高等学校和中职学校都拥有多媒体教学的设备，若是采用演示教学法演示、讲解万用表的使用，可直接让学生亲身接触到万用表，使学生更容易掌握万用表的使用方法，此种直观的教学方法能提高学生学习效果。

1. 演示准备

教师行为	设计意图
① 制订演示计划，准备相关资源（准备电阻、电池、万用表、插座等，如图 2-22～图 2-25 所示） ② 了解本节课前学生对测量工具概念的认识基础 ③ 准备好投影设备	有利于教师制订预期的教学目标

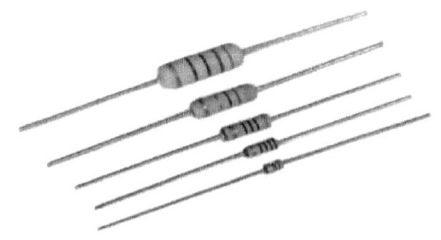

图 2-22　电阻　　　　　　　　图 2-23　电池

图 2-24　万用表　　　　　　　图 2-25　插座

2. 提出主题

教师行为	学生行为	设计意图
① 引导学生回顾上节课所讲过的万用表的结构 ② 提出其测量作用 ③ 提问生活中见过的电压、电流等方面的测量工具	① 配合教师，回忆知识点 ② 思考生活中所见或用过的测量工具 ③ 回答问题	① 检查学生学习情况，并为本节课的万用表测量准备相关的知识 ② 思考生活中万用表的用处，更能突显万用表在生活中的重要性，激发学生的学习兴趣

3. 说明目标

教师行为	学生行为	设计意图
① 说明测量电流的观察重点 ② 说明测量电压的观察重点 ③ 说明测量电阻的观察重点	① 认真听讲 ② 记录演示的目标	① 学生在观察演示前对演示主题有基本认识,以便在观察时能把握重点 ② 带着问题学习能提高学习效果

4. 进行演示

教师行为	学生行为	设计意图
① 取万用表,选择额定电压为 3.7V 的手机专用锂电池,如图 2-26 所示,以及插座演示电压(交流与直流)的测量,包括如下内容 a. 档位选择(注意交、直流) b. 使用红、黑表笔 c. 测量时表头与测量物体的接触方式(应垂直接触) d. 读数(注意结合选择的测量范围) e. 演示电流(交流与直流)的测量(步骤同测量电压一样) ② 演示电阻的测量,选择 1500Ω 的电阻进行测量,包括如下内容 a. 档位选择 b. 红、黑表笔分别与电阻两端接触(注意两手不能同时并联到电阻上端) c. 读数(注意结合测量范围)	认真观看视频,并做相应记录	直观地向学生展示教学内容,更有利于学生理解和掌握教学内容

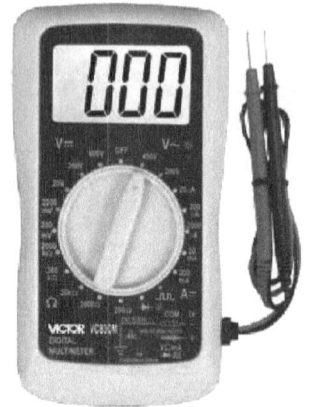 

图 2-26 万用表和手机专用锂电池

5. 提示要点

教师行为	学生行为	设计意图
① 在演示过程中提出问题。例如在测量电阻时将两手并联到电阻上,问测出的电阻值是否为电阻阻值 ② 在重点处加以强调 ③ 在演示交、直流的电压、电流时,提醒学生记住每一次测量的电压、电流值	① 思考总结、回答问题 ② 记住每次的测量值,通过对比、得出结论	帮助学生抓住要点、掌握知识

6. 练习强化

教师行为	学生行为	设计意图
① 总结所学内容并布置练习习题 ② 给出另一个电池或电阻，让学生上来演示这个测量过程	① 举手，争取演示机会 ② 通过利用刚刚观看到的演示，学习测量电池电流值、电压值或电阻阻值	① 有利于学生牢固掌握所学的知识 ② 帮助学生拓展新知识 ③ 提高同学们的动手能力

应用拓展：演示教学法可用于电工工具认识与使用、二极管的认识、晶体管的认识、认识电路及其电路图形符号、常用低压电器、灭火器的使用、电工实训台使用、PLC 实训台使用等教具设备较为容易准备或实践性较强的教学内容。

思考与练习

一、填空题
1. 演示教学法使用_____进行演示。
2. 演示教学法的演示准备内容包括_____、_____。
3. 互动式教学法是一种_____、_____、_____、_____式的教学方法。

二、选择题
1. 演示教学法实际以（　　）为中心。
1. 演示　　　　B. 讲授　　　　C. 互动
2. （　　）不是演示教学法的特点。
A. 直观性　　　B. 鲜明性　　　C. 真实性　　　D. 主导性
3. 演示教学法有（　　）步骤。
A. 6　　　　　B. 5　　　　　C. 7　　　　　D. 4

三、判断题
1. 演示教学法主要以教师和学生之间互动活动为主。　　　　　　　　（　　）
2. 演示教学法侧重于单向地接受知识，是接受性的学习。　　　　　　（　　）
3. 使学生获得感性认识，形成正确概念是互动式教学法的优点之一。　（　　）

四、简答题
1. 演示教学法的具体实施过程是什么？
2. 教学法的运用原则是什么？
3. 演示教学法的概念是什么？

2.3 引导文教学法

应用情境：在教学过程中，往往学习完某章节或某本书后，要进行总结或者进行课后的课程设计。例如机械零件夹具的设计、数控车床的手工编程及 PLC 课程设计等。在此过程中使用引导文教学法，通过学生独立学习和查阅相关资料来完成作业，这样不仅有助于掌握知识，而且也能提高学生自主学习的水平。

2.3.1 教学法理论

1. 概念

引导文教学法，又称引导课文教学法（简称引导文法），是借助一种专门教学文件即引导文（或引导问题），通过工作计划和自行控制工作过程等手段，引导学生独立学习和工作的项目教学方法。这里，引导文的任务是建立起项目工作和所需要的知识、技能间的关系，让学生清楚完成任务应该掌握的知识与技能。

2. 起源

引导文教学法产生于20世纪70年代，由奔驰、福特、西门子等国际知名的大型工业公司创造。目前，在西方国家的教育中，特别是德国的职业教育领域，引导文教学法已经成为一种被普遍采用的教学方法。20世纪80年代，我国开始引入引导文教学法，但由于种种原因，引导文教学法在我国一直未被推广使用，因此大家对引导文教学法还较为陌生。

3. 特点

（1）引导性　施教之功，贵在引导。在教师组织学生实现某一教学目标的过程中，引导而非讲授已成为一种正确的思维导向。它是传授规律性知识和发展能力的"良方"，是学生认识客观世界的"捷径"，是指引学生学会如何学习的"秘诀"，是沟通师生情感的"桥梁"。"引导"是现代教学工作的真谛。虽然其他的教学方法也重视"引导"的作用，但对于引导文教学法来说，引导则起着更为重要的作用。它要求教师不仅引导学生学习某一知识、解决某一问题，而且在学生制订学习计划、选择学习方法等方面给予积极地指导。从而使"引导"真正地成为教学机体中的"主动脉"，成为教与学的"纽带"。

（2）连续性　现代课程观认为课程是连续的动态发展过程，不应把课程实施的每一环节割裂或静止，知识与技能的习得过程要与行为过程有机地联系起来。在过去几年的教育中，将理论课与实习课在时间、场所上截然分开。在学校教室中，进行理论的讲解与传授，思考多而行动少；在工厂实习中，注重能力的培养，行动多而思考少。这种教学模式把原本完整的教学过程分割，各取一方，背离了现代课程观的理念。引导文教学法使学生在完成工作任务的过程中，既学习理论知识，又提高了多方面的能力；学习的地点不单单局限在学校或工厂，而把两者联系起来，从而将分割的教学过程有机地结合起来，实现了教学过程的连续性，构建起一个连续的闭环教学系统。

（3）真实性　在学习知识、形成能力的过程中，学生是主体，知识和能力是客体。知识和能力的获得需要主体的主动作用：直接介入，进入感性环境。"赤道不知北极之寒"形象地道出了传统教学方法与引导文教学法的本质不同。传统的注入式教学，老师讲、学生听，像置学生于赤道而言北极之寒，而引导文教学法是教师不言北极之寒而置学生于北极。在这种教学方法中，学生在教师的指导下逐步进入被认识的客观世界，在真实的生产、生活情境中，获得方方面面的知识、能力与方法。

（4）综合性　传统的讲授式教学方法以科学、系统的知识传授为主，而忽视了培养学生实践操作的能力，不注意到对学生学习方法的指导。以这种方法培养出来的学生往往成为熟知理论知识而缺乏动手能力的"书生"。而引导文教学法在重视知识传授的同时，更加注重学生对所学知识的理解、巩固和深化，培养学生的综合能力，帮助学生掌握科学的学习方法，使学生树立正确的人生观和价值观。可以说，引导文教学法将知识能力、过程方法、情感态度价值观三者真正地融为一体。

4. 实施过程

图 2-27 所示为引导文教学法实施过程。

(1) 布置任务 引导文中的任务应该是整个教学过程的概括,既可用文字的形式,也可以用图表的形式来表达。布置的任务即为学生行动的对象,设计的任务(学习工作)要覆盖本讲主要的知识要点。因此对本节课任务的设计就非常重要,完全决定着教学实施效果的好坏。布置任务的目的是让学生明确要学习的内容或进行的具体工作。

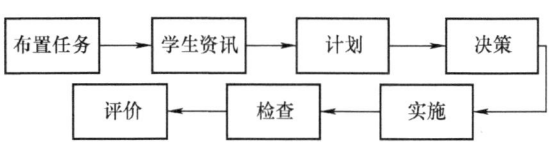

图 2-27 引导文教学法实施过程

(2) 学生资讯 学生资讯的过程即为资料收集过程。学生了解了要完成的任务,下面就要着手完成这项工作,但要完成这项任务学生目前掌握的知识与技能还不够用,为了完成任务,教师可以引导学生,让学生清楚要学习哪些知识或者借助引导问题和引导文(学习工作单)的帮助。学生在工作开始之前独立获取完成任务所必须的知识,引导问题应该鼓励学生独立思考,自己寻找问题的答案。图样、专业书籍、学习资料、多媒体课件、多媒体互动软件可以作为信息来源。

(3) 计划 工作计划是工作前的思考。每个小组的组长组织学生讨论,学生之间相互交流对工作任务的认识及相关知识的分析,分解学习任务的难点,制订工作步骤,这一过程就是学生明确自己应该怎么做的过程。教师在这一环节中起到的是引导和监督的作用,学生在计划过程中的错误与疑惑由教师发现并解决。

(4) 决策 这一步骤是教师与学生共同对学习小组所做的工作计划进行审核和重新修订的过程,即教师与学生共同确定怎么做的过程。

在谈话中要讨论引导问题的答案,就是学习工作单上所提出内容应满足的要求,学生在计划中是如何解决的。如果有可能也要补充现有的知识缺陷。在这一过程中,可以对那些"较差"的学生提出特别的要求,如让他们口头回答问题并陈述理由,这样可以避免他们简单地从学习资料、学习工作单上抄取答案或者总是由"较好"的学生完成任务。

(5) 实施 学生根据师生共同确定的计划实施,必须由学生独立完成,如果遇到新的技能问题应由教师给与帮助并提供思路,由小组成员共同思考寻找解决问题的答案,但不一定采用授课的形式。教师在这一环节中对学生实施的过程进行监督,对出现的问题给与提示,小组成员共同解决。

(6) 检查 每个小组成员应学会能独立地评价自己的工作质量。在计划实施过程中就要不断地进行检查,以便能及时纠正错误和改善工作质量。一般情况下,首先由学生自己根据学习工作单或检查表检查他们的工作质量(自检),然后由教师(或者其他学生)进行检查。

(7) 评价 评价主要包括学生自评、小组互评、教师对小组的评价、教师对学生的评价。

每个小组的选出代表对本小组的成果进行描述,这一环节主要是为了培养学生的综合职业能力,同时在描述的过程中出现的缺点与错误多是极具代表性的典型问题,教师通过对这些问题的点评与解答可使学习更具针对性。一些学生疑惑的问题往往可在评价这一环节中可得到解决。其他组成员也可对该组成员进行评价并提出缺点与不足。评价后给出小组的成绩,目的在于肯定与激励。

5. 教学法运用原则

(1) 师资条件 引导文教学法的连续性特点要求职业学校必须具备"复合型"的教师,

即深知理论、熟识技能的教师。目前我国大多数职业学校的理论课教师虽具有全面、系统的理论知识，但缺乏操作技能和实践经验，而实习指导教师操作能力强，实践经验丰富，但理论不足。这就决定了专业理论教学和生产实习教学在师资上分开，职业学校缺乏"复合型"的教师。因此，在采用、推广引导文教学法之前，有关教育部门及学校要采取有效措施加强理论课教师的操作能力和实践经验，深化实习指导教师的理论知识，使职校教师成长为适应引导文教学法的"复合型"教师。

（2）学生素质条件　职业学校的学生大多来自普通中学，传统的基础文化教学方法使得一部分学生在学习中养成了较强的依赖性和被动心理。引导文教学法中有小组讨论学习的环节，在分组学习中，有的学生可能缺乏主动性和独立性，态度消极，被动心理强，把握不住学习的机会，大有依赖其他同学或教师的倾向。因此，教师在实施引导文教学之前，一定要采取多方面的措施，激发学生学习的兴趣，调动学生学习的积极性，使学生认识到自己的主体地位，愿意成为教学过程的主动者，从而改变学生的依赖性和被动心理。

（3）其他相关条件　引导文教学法的实施还需要其他相关条件的支持。学生依靠引导文获得信息、解答问题、完成任务，其行为必然会涉及相关的人、财、物。例如图书馆藏书资料的丰富程度，各科教师及其他人员的协作配合程度，学生完成任务所需的设备、仪器、材料情况等。如果不具备这些相关条件，引导文教学法无法真正地实施。

另外，每一种教学方法都有其适用范围，引导文教学法也不例外。并不是说所有的教学内容都适合引导文教学法。一般情况下，引导文教学法适合于具备最终产品或可检验工作成果的教学，因此，项目工作最适合采用引导文教学法。

6. 教学法评价

（1）优点

1）促进学生多方面能力的发展。首先，引导文教学法强调教学中学生的主体地位，学生是教学过程的主动者。以此方法施教，能极大地激发学生的学习欲望，充分调动学生学习的积极性，从而促使学生独立学习能力的发展。其次，可以看出，引导文教学法的运用过程实质上就是一个进行创造性思维的过程，如果离开了创造性，也就无所谓"引导"，所以说，引导文教学法能够培养学生创造性思维的能力。第三，通过与他人进行专业信息交流、工作计划讨论等，可培养学生的交际能力、合作能力和其他社会能力。在完成工作任务的过程中，学生获取、处理信息的能力、独立工作的能力、自我组织和控制的能力、自我评价的能力等也会随之提高。

2）赋予学生终身受益的学习方法。引导文教学法除了引导学生有选择地掌握基本知识和技能外，更重要的是帮助学生掌握有效的学习方法。其目的不仅在于提高学生的学习成绩，更主要的是教给学生一种正确的学习方法，由"学会"变为"会学"，即教学生自己学，教学生怎样学。正如古人所云"授人以鱼，可供一饭之需；教人以渔，则终生受用无穷"。引导文教学法为学生的"终身学习"打下了坚实的基础，使学生步入社会后，有能力进行自我学习和发展，这正是学生未来发展所需要的。

3）满足不同能力水平学生的要求。学生的知识结构、智力水平、学习态度、生活经历等不可能完全相同，个体间存在着较大的差异。"班级授课"会导致一部分学生"吃不饱"，而另一部分学生"吃不了"的现象。引导文教学法能够最大限度地满足不同学生的要求。学习能力较强的学生通过自学，提前完成教学任务，教师可根据学生的具体情况，因人而异地安排新的内容，保证这些学生"既吃得饱，又吃得好"。对于学习能力比较差的学生，教师可拿出更多的时间和精力对其进行辅导，在不降低基本要求的情况下，逐渐改变他们"吃不了"的状况。可以说，引导文教学法真正落实了因材施教的教学原则。

(2) 运用中应注意的问题

1) 引导文教学法的关键是开发优质的引导文。因此，需要教师换位思考，从学生的角度，悉心揣摩、研究分析，精心设计出引导文。优质的引导文应该使学生明确学习目标，清楚地了解应该完成什么工作，学会什么知识，掌握和使用什么技能，以及怎样去完成。

2) 在教学过程中，教师要注意发挥咨询、引导的作用，施教之功，贵在引导。引导文教学法不仅要求教师引导学生学习某一知识、解决某一问题，而且要求在学生确定学习目标、制订学习计划、选择学习方法等方面给予积极地指导。从而使引导文教学法真正地成为教与学的纽带。

3) 强调自我评价是引导文教学法优于其他教学法的特征之一，教师要及时帮助、指导学生进行自我评价。

4) 运用引导文教学法时，课程实施中的精心组织十分重要。需要随时注意收集反馈信息，及时进行调整，通过实践使其不断完善。

5) 引导文教学法，特别在解决探索性较强问题上，作用显得尤为突出，而且实验时间越长，效果越明显，需要教师不断地探索。

2.3.2 案例1：钳工实训——U形底座

案例选择思想： 在进行钳工操作时，一般技术工人的工作程序如下。

1) 必须会识图，以便为完成工作任务绘出草图和提出设想。
2) 思考工作的程序和准备必要的工具和材料。
3) 确定加工程序及解决问题的途径。
4) 完成工作任务。
5) 检查工作结果是否满足图样的要求。
6) 根据检查结果决定是否有必要修正。

与技术工人这一工作程序相似，引导文法将工作程序也分为如下六个步骤。

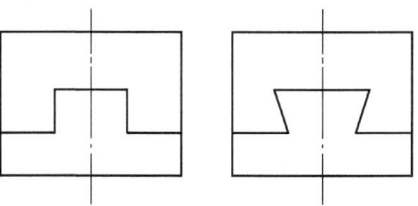

图2-28 U形底座零件图

1) 应该做什么（引导问题）。
2) 如何做（计划工作）。
3) 制订加工程序和准备工具（与教师讨论）。
4) 加工工件（完成任务）。
5) 作业是否达标（质量控制）。
6) 下次要注意什么问题（与教师讨论）。

引导文法这六个步骤，从一开始就培养学生独立学习、计划、实施和检查的能力。这样他们就能学到工作方法，并能用这些方法独立解决培训中（今后的职业生涯中）遇到的问题。

1. 创设情景，问题导入

教师行为	学生行为	设置意图

① 发放U形底座零件图，如图2-28所示
② 让学生分析该零件图并回答下面的问题
  a. 说出粗锉和精锉的不同
  b. 什么在精锉中要用粉笔
  c. 列出测量工件表面垂直度和平面度所用量具
  d. 说出锯条的种类及其适用场合
  e. 说出3个可能造成尺寸误差的原因
③ 引导学生回答
	① 以四人为一小组，分析图样
	② 思考、查找相关信息
	③ 回答问题
		在此过程中，教师通过引导学生，在学生中建立了基本的学习团队，调动学生的学习积极性。这样一方面帮助学生逐步适应自主学习的状态，另一方面，则让学生初步体会到合作的乐趣，帮助学生逐步适应引导文学习法

2. 制订工作计划

教师行为	学生行为	设置意图
① 引导学生制订工作计划 ② 巡视并帮助有困难的学生解决问题 ③ 适当点评小组方案	① 各自思考初步工艺并记录 ② 以小组为单位进行讨论，确定方案 ③ 小组发言	在引导文教学中，没有对与错，只有合适与不合适，这样，可以提高学生发言的积极性，使学生主动融入课堂学习

3. 决策

教师行为	学生行为	设置意图
① 参与学生讨论 ② 对"较差"的学生提出特别要求，如回答问题或阐述理由	① 讨论并选择合理的工艺 ② 修订或重新制订计划	教师与学生互动，可以培养感情。同时，对"较差"学生的照顾，可以避免他们简单地从引导文上抄取答案或者总是由"较好"的学生完成任务

4. 实施计划

教师行为	学生行为	设置意图
① 检查学生计划是否合理 ② 必要时，说明学生实施计划出现的问题	① 准备工具、材料 ② 自己动手独立完成工作任务	实施的过程也是检验计划是否合理的过程，有利于培养学生在实际工作中灵活应变的能力，提高动手能力

5. 检查

教师行为	学生行为	设置意图
① 检查学生作品 ② 填写评分表	① 自己进行工件质检 ② 小组内进行互评，展示作品	学生可以在评分表上了解到，为了实现学习目标，他们要付出什么努力，他们应学会能独立地评价自己加工的工件质量。在计划实施过程中要不断地进行检查，以便能及时纠正错误和改善加工质量

6. 评价与反馈

（1）教学反馈、课堂小结

教师行为	学生行为	设置意图
① 参与小组间的评价 ② 必要时解决学生提出的问题	① 小组间相互展示作品 ② 小组间相互评价	小组评价的目的不是给出成绩，很多情况下是为了解决出现的问题，并提示每个学生在下次工作中应该注意的问题。培养与提高学生的协调能力、团队能力和对团队负责的意识，以及独立工作和学习的能力等

（2）联系实际、拓展提高

教师行为	学生行为	设置意图
联系企业实际生产的工作过程，要求学生尝试设计、制造与U形底座相互配合的零件	思考与讨论	讨论本节课在企业实际生产的重要性，激发学生学习兴趣，拓展知识

应用拓展：引导文教学还可用于如数控的零件车削、铣削加工和简单零部件（如减速箱）的设计及机械零件的测绘等。

查看相关教学法案例请扫描下方的二维码：

2.3.3 案例2：照明电路的安装与调试

案例选择思想：电工电子技术这门课程涉及的电路与电路原理比较多，很多章节都是实操性较强的课程，如照明电路的安装与调试。如果对于这样一个实操性能较强的课程，教师只是单纯地讲解，或者通过PPT、动画展示，学生可能对知识的掌握不够牢固。这时可以运用引导文教学法给学生布置任务，让学生通过自己动手实践，有利于培养学生独立学习、计划、实施和检查的能力，使他们在学到工作方法的同时，还能用其独立解决在学习中及今后的职业生涯中遇到的问题。也就是说，应用引导文教学法不仅能教会学生专业知识和技能，而且能够培养学生的专业能力、方法能力和社会能力。

1. 创设情景，问题导入

教师行为	学生行为	设置意图
① 展示图2-29所示照明电路 ② 发放任务单（见附录A） ③ 发放资讯单（见附录B） ④ 引导学生开展讨论，完成资讯单上的问题	① 分组 ② 收集较为广泛的信息资料 ③ 讨论，互相交流答案及其依据	以任务单的形式得到本学习情境的学习目标、任务具体描述、相关资料及对学生的要求。以资讯单的形式得到本学习情境的引导问题及相关提示。完成引导问题是引导文教学中一个最重要的环节，其目的是培养学生的自学能力、充分利用信息资源的能力和快速解决问题的能力

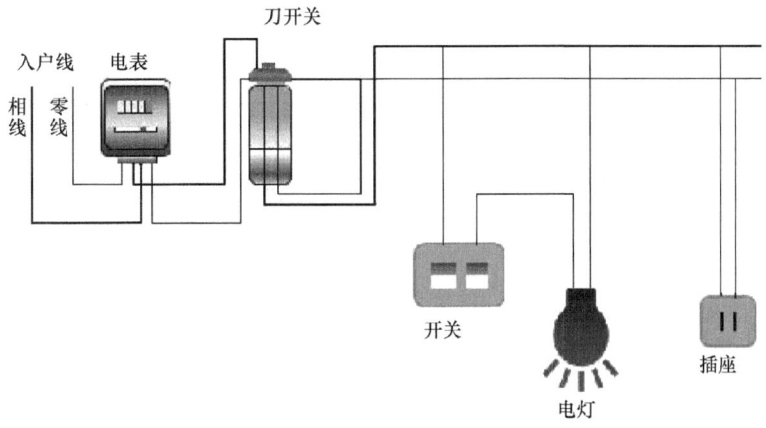

图2-29 照明电路

2. 制订工作计划

教师行为	学生行为	设置意图
① 要求学生通过小组讨论，拟订工作计划 ② 及时帮助学生完成计划单、工具单的填写	① 小组讨论 ② 填写计划单、材料工具清单，同时主动与教师交流	制订计划是一个团队讨论合作的过程。讨论有利于学生积极参与学习，也有利于学生的组织协调能力、沟通能力、团队合作能力等"关键能力"的提高

3. 决策

教师行为	学生行为	设置意图
① 参与学生讨论，听取讨论结果，帮助其选择更合适的方案 ② 对"较差"的学生提出特别要求，如回答问题或阐述理由	① 小组讨论并选择合理的方案 ② 修订或重新制订计划	讨论作为一个学习的机会，其质量直接受学生的热情程度、投入程度及参与意愿的影响。而对"较差"学生的照顾，可以避免他们简单地从引导文上抄取答案或者总是由"较好"的学生完成任务

4. 实施计划

教师行为	学生行为	设置意图
① 检查学生计划是否合理 ② 必要时，辅助学生进行照明电路故障排除	① 准备工具、材料、元器件 ② 独立完成工作任务 ③ 独立排除电路故障	实施的过程也是检验计划是否合理的过程，有利于培养学生在实际工作中灵活应变的能力。学生通过切身体会、结合实际思考得出的结论，比老师课堂传授的知识更容易掌握

5. 检查

教师行为	学生行为	设置意图
① 检查学生作品 ② 填写评分表	① 自己进行工件质检 ② 小组内进行互评，展示作品 ③ 小组派代表向大家介绍、展示	自我评价可以使学生知道自己产品的不足之处，知道思考改进的方法，而不是仅仅得到一个成绩而已；相互之间展示产品，是学生学习、交流经验和心得的机会，同时也锻炼了学生的文字组织能力和口头表达能力

6. 评价与反馈

教师行为	学生行为	设置意图
① 与学生交流、谈话 ② 对学生的作品、学生的行为进行相应评价 ③ 带领学生认真总结任务实施过程中的问题，填写反馈表	① 学生自评 ② 组内互评 ③ 组间互评	反馈的主要内容是解决在产品制作过程中出现的问题及学生在下次工作中应注意的问题，评价和反馈是经验的交流，有利于提高学生的自身素质

应用拓展：引导文教学法在电类课程还可以用在电气实训中的故障检测、电工基础中的三

相异步发电机原理等。

思考与练习

一、填空题

1. 引导文教学法，又称_____，是借助一种专门教学文件即引导文，通过_____和_____等手段，引导学生独立学习和工作的项目教学方法。
2. _____是引导文教学法的关键。

二、判断题

1. 20世纪90年代，我国开始引入引导文教学法。　　　　　　　　　　（　　）
2. 引导文教学法适合于具备最终产品或可检验工作成果的教学，因此，项目工作最适合采用引导文法。　　　　　　　　　　　　　　　　　　　　　　　　　　　　（　　）

三、简答题

简述引导文教学法在应用中要注意的问题。

2.4 思维导图教学法

应用情境：在教学过程中，讲完一个知识点，往往要对这个知识点进行总结和延伸，这样涉及的知识面会比较宽。因此引入思维导图教学法可以把知识点通过线条、符号或图像的形式串联起来。能起到直观表达的作用，不仅有效地归纳教学内容，而且一目了然、印象深刻，也巩固了教学效果。

2.4.1 教学法理论

1. 概念

思维导图教学法（简称思维导图法）就是指教师引导学生采用线条、符号、词汇和图像，通过从中心发散出来的自然结构，把一长串枯燥的知识变成彩色的、容易记忆的、有高度组织性的思维导图，让学生正确而快速记忆、组织知识的一种教学法。

2. 起源

思维导图是英国"大脑基金会"主席托尼·巴赞在20世纪80年代开发、研究的。开始，托尼·巴赞将研究的成果应用于训练一些所谓的失败者或曾被放弃的学生，这些学生很快得到转变，其中一些还成为班级中的佼佼者。1971年，托尼·巴赞开始将研究成果结集成书，发散性思维和思维导图的概念逐渐成熟。1974年，随着《开动大脑》（图2-30）一书的出版，思维导图的概念正式被引入。托尼·巴赞创立的思维导图最初只是改进传统笔记的方法，但是思维导图的作用和威力还是在随后的应用中不断显现出来，被广泛地应用到了包含个人、教育、企业等多个领域。自20世纪90年代思维导图引入我国以来，受到广大工作者的关注，从文献调研的情况看，国内思维导图的研究呈增长趋势。研究范围涉及个人、教育和企业等多个领域，而且主要

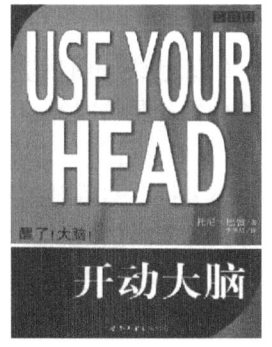

图2-30　托尼·巴赞著作《开动大脑》

集中在教育领域。涉及的学科范围比较广,涵盖了语文、数学等常规学科,还包括医学类等专业性学科。其在职业教育领域的应用近几年逐渐增多,如同济大学职业技术教育学院在中等职业学校国家级骨干专业教师培训中,运用思维导图法进行介绍和实践训练等。图 2-31 所示为思维导图样图。

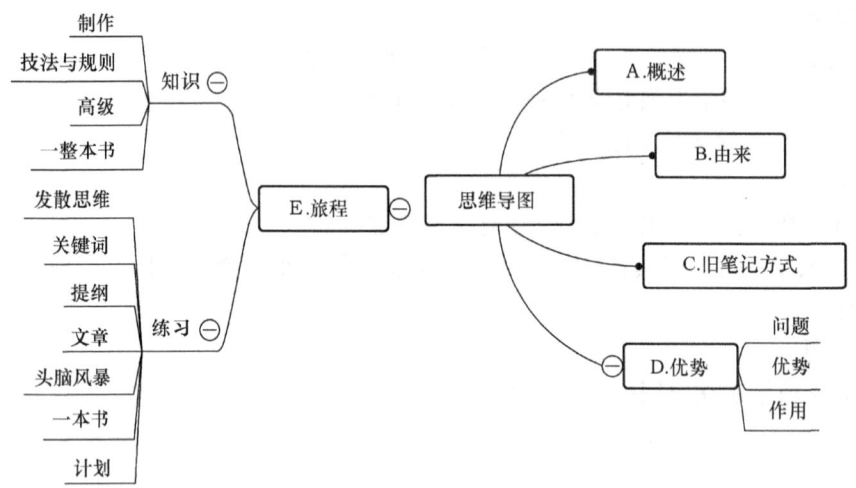

图 2-31 思维导图样图

3. 特点

思维导图教学法的核心就在于创作"思维导图",思维导图顺应了人脑的自然思维模式,将人的主观意图自然地在图中表达出来,在创作导图的时候需要使用"颜色""形状"和"想象力"等,激发了人的右脑。所以,采用思维导图教学法,避免了陈旧课堂笔记带来的单调、无聊,且思维导图笔记只记录相关资料或关键词,可以节约 90% 的时间,学生更能集中精力思考真正的主题,保持思维的连续性。另外,思维导图末端开放式的结构,会增强对大脑对于知识的"渴望",而且使新信息的补充更加方便。采用思维导图教学法进行知识的归纳、复习,可以成倍提高学习效率,增进理解和记忆能力。

4. 实施过程

图 2-32 所示为思维导图教学法实施过程。

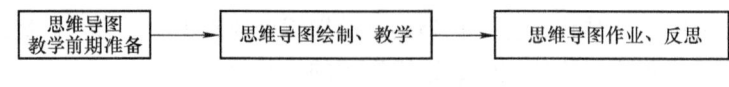

图 2-32 思维导图教学法实施过程

(1) 思维导图教学前期准备 思维导图的前期准备包括教材分析、教学目标分析、教学对象分析及课前准备。

1) 教材分析。首先通读教材,对教材的体系结构、文字内容、语言表达及地位作用等进行整体分析。然后对教材的具体内容进行分类与整理,分析重点与难点,明确知识块的具体教学方式及所需的时间,此外,还应该结合教学环境与资源等因素进行分析。在分析与整理教材的基础上,撰写教案。用思维导图撰写教案更方便、简单,应用更灵活、更有弹性。

2) 教学目标分析。教学活动开始之前,教师应对整门课程及各教学单元甚至具体到每节课进行目标分析。从知识与技能、过程与方法、情感态度及价值观这三个维度进行考虑,采用思维导图是否可以完成教学目标。最后要使学生在学习中获得相关情感体验,激发学习兴趣与学习动机等。总之,要使学生通过学习实现"学会""会学""乐学"。

3) 教学对象分析。教学对象分析也即学习者特征分析,是指了解学习者的年龄特点、性别比例等,知晓学习者的基础知识、认知能力与认知结构等的过程。一切教学活动都应该以学生的学为中心,学有所获才是教学活动的最终目标。根据学生的总体和个别差异特征对教案进行改动,选择更适合的元素组成思维导图的,选择更适合的形式绘制思维导图等。

4) 课前准备。课前,教师需准备教学用具,根据教学任务特点、学生特点、媒体的物理特性正确选择教学媒体。对于学生,课前一般应做好新课预习,备好课本与自己的学习用品,准备手绘思维导图的纸与笔等。此外,教师与学生都需要调整好上课的心态,以热情、饱满的情绪投入到教与学中。

(2) 思维导图绘制、教学　思维导图在使用过程中,通常以展示现有的思维导图进行教学的启动和导入,然后在原有的基础上以增加元素的方式进行教学,或者重新绘制一幅以进行知识的讲授或复习。无论是增加元素还是重新绘制,都应先形成基本"骨架",进而完善思维导图,最后完成绘制和教学。

1) 思维导图式启动、导入。导入新课前,利用现有的思维导图对上节课的相关内容进行简单回顾,形成对思维导图的基本概览。目的是启动教学,为接下来的教学做知识的准备。开始导入新课,根据联系的紧密度,可在刚刚展示的旧图上进行扩展与延伸,让新内容作为新"主干"或新"枝叶"添加到已在绘制的思维导图上;也可由教师在黑板上另外绘制一个中央图像(或用计算机呈现),即新课的中心主题,吸引学生注意力,在前面启动的基础上进行思考,引导发散思维与联想,激发学习兴趣,形成认知冲突与学习动机;还可以让学生自己通过阅读、分析材料,得出所学内容的主旨,并绘制出来。图 2-33 所示为"力"现有思维导图。图 2-34 所示为重新绘制"力"的中央图像。

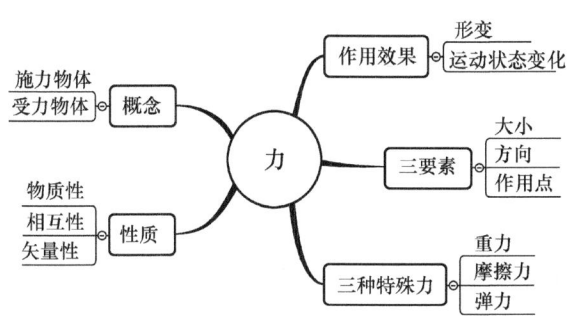

图 2-33　"力"现有思维导图

图 2-34　重新绘制"力"的中央图像

2) 形成思维导图基本"骨架"。在导入的基础上,添加主要分支,形成基本"骨架"。这一步骤是了解知识基本结构,建构新课内容整体框架体系的过程。学生具有学习和探究的态度。因此,教师要善于引导学生通过理解、探究与讨论等形式找出学习的重点与难点,确定一些主要概念等,力图从整体上把握所学内容的基本结构。最后,把师生合作建构的思维导图"骨架"与学生自己预习的结果进行对照,形成第一次修正与重构,进一步刺激学习者的认知需求与求知欲望。图 2-35 所示为"力"思维导图基本骨架。

3) 完善思维导图。按照一定的顺序,在上一步的基础上完善每个分支,给"骨架式"的思维导图"充血加肉",从而赋予其生命。完成了骨架的构建,就掌握了知识的整体结构,而完善则进一步细化与整理了知识,这往往是一堂课的重要内容。在完善过程中,教师不能一味地按照课前准备的思维导图教案讲授知识,而忽略了学生,而应尽可能多地与学生进行有意地交流与合作，实现教学相长，努力在思维导图各"主干"上增添有生命的"枝叶"。图2-36所示为完善后的"力"思维导图。

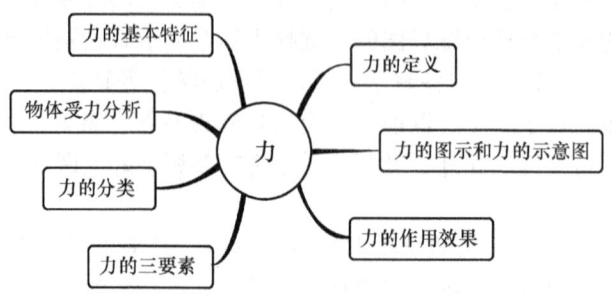

图 2-35　"力"思维导图基本骨架

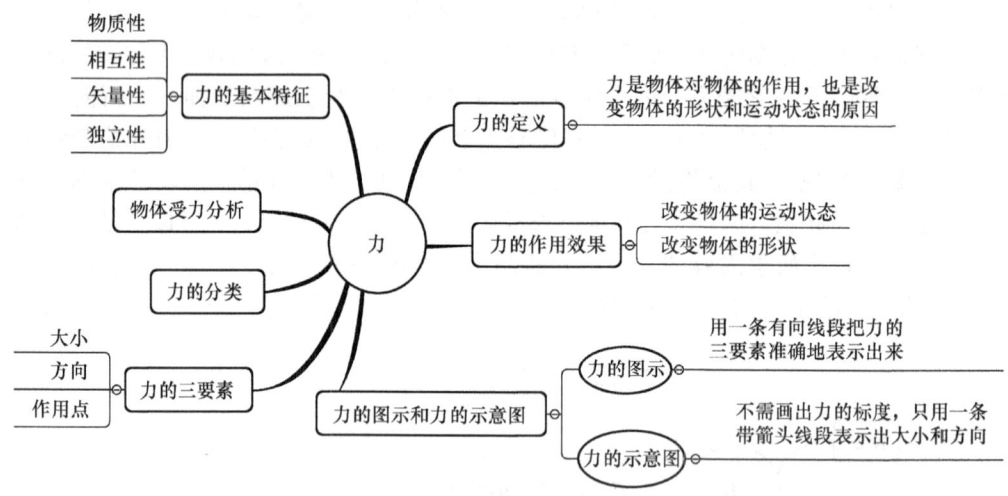

图 2-36　完善后的"力"思维导图

4）教学方法。在思维导图的绘制过程中，可以加入"小组协作学习"及"创设问题、情境，引导学生主动探究问题"两种教学方法。

小组协作学习是在学生自主探究学习的基础上，分成学习小组，通过小组讨论、协商和角色扮演等策略，然后进一步完善和深化对知识的理解和建构。利用思维导图的小组协作学习一般有如下流程：分组——讨论——绘制小组思维导图，组间交流；修正小组思维导图，组间二次交流，构建集体思维导图。在小组协作学习中，整个过程应该以学生活动为主，教师只起组织、引导作用。通过教师的引导以及鉴于思维导图本身激发人脑发散思维的特点，这种协作与讨论会使各种各样的"新想法"源源不断地冒出来。图 2-37 所示为小组协作情景。

利用思维导图创设问题情境，引导学生主动建构知识则是以问题为中心，开发一个能激发学生原有知识经验、

图 2-37　小组协作情景

有利于新知识建构的学习环境。问题可以分为两类：一类是射击式的提问，用来检查一个想法的正误；另一类是钓鱼式的提问，没有设定的答案，是开放式的。思维导图的中央图像或各分支上的图形图像与关键词需要更多爆炸性的想法，适合采用钓鱼式的提问。好的情境可以使学生快速进入学习状态，激发学习兴趣，牢固建构知识。在创设情境时，需注意情境与教学内容相关，要提出好的问题，有效促进学习，切忌仅为基于情境而"情境"，脱离教学目标。同时还要使情境贴近学生的生活与学习。

（3）思维导图作业、反思

1）思维导图作业。要求学生课后完善自己绘制的思维导图，并要求具有个人的独特风格，而不是纯粹地模仿上课内容，或者只是记住课堂上完成的或教师呈现的思维导图。虽然学习者从教师建构思维导图、教授知识中受益，但是对于学习者来说，自己建构更为重要，学习者在完成思维导图作业过程中进行第二次修正与重构，效果更为显著。需要注意的是，教师不应给学习者展示"思维导图的正确结构与绘制"，因为并没有绝对正确的结构。由于人脑在很多方面存在差异，每个人的思考方式不同，他们绘制的思维导图自然形态各异。不受所谓"正确"的条条框框限制，才更能提高学习者的学习能力与培养他们的创造性思维。最后，要求学生做好下节课的预习，绘制一幅关于下节课知识框架的思维导图。

2）课后总结反思、评价。课后，教师与学生都应该进行总结与反思。教师应该总结整堂课的教学成果并对教学过程中的遗漏部分或未能达成目标的地方进行反思与改善，进一步完善教学。学生也应该总结自己的课堂收获，并反思自己在课堂的表现与应该改善的地方，从而以更好的状态迎接下节课。教学评价的内容包括对教学过程中教师与学生、教学内容与方法手段以及教学环境与教学管理诸多因素的评价，其中对教师的教学过程与学生的学习效果的评价是最主要的。对教师的教学过程评价主要是课堂与课外的教学评估工作，而对学生学习效果评价主要是通过考试或测验。应用本模式教学的教师评估工作与学生考试形式均可以使用思维导图。

5. 教学法运用原则

（1）要符合认知规律　学生们对思维导图一般是不了解的。学生们在刚接触思维导图时非常新鲜，兴趣也很浓，但他们对思维导图的特点、内涵理解，尤其是在应用、绘制等方面还有很多欠缺。为了能够获得预期效果，教师在应用中要遵循认知的规律，即从简单到复杂、从外围到核心、从形象到抽象进行讲解。

实践中学习任务的选取需要注意难易适度，符合职业学校学生的认知发展水平。教学中要发挥学生的能动性，充分挖掘学生的潜能，使学生的认知水平不断向更高层次发展。学习任务可以是实际的工作任务，也可以是根据教学需要创设或模拟的任务。适合的任务能给学生提供成功的机会，让学生在学习过程中不断得到某些成功的体验，从而有效增强学生的内在动力。在学生对思维导图的理解和应用有了一定的基础后再组织行动导向的任务教学，更容易取得好的效果。

（2）要融合使用多种教学方法　思维导图在职业教育教学应用中，并不排斥其他方法，而是十分欢迎与其他方法一起融合使用。思维导图法与大脑风暴法、卡片展示法、案例教学、引导课文法、角色扮演法、模拟教学等均属于行动导向的教学方法。在行动导向的理念下，不同的方法能够发挥各自的优点，彼此相互支持。在思维导图教学中，将头脑风暴应用到讨论、思考的过程中，能丰富小组的思路，产生创造性想法；将卡片展示与思维导图相融合，可以使思考过程动态显示出来，从而使思维更加清晰、明确；教学实践中，教师提出一个专业问题，同学通过头脑风暴进行思维发散，利用卡片张贴将各自想法粘贴到黑板上。在卡片贴满黑板后，师生共同对这些记载思想的卡片进行移动、分组归类，以及系统地整理、合并，得出结论。融合各种教学方法，可以充分发挥各种方法的特点和作用，体现学生的主体地位，使教学更加高效。

（3）要根据实际合理采用　从已有的研究与实践看，思维导图更多是用于知识体系的整理与建构，及对相关理论知识的学习与复习。基于行动导向的思维导图教学在职业教育教学中的应用有适合的范围，除了用于前面所述领域，可侧重对学生思维方法的锻炼和对关键能力的培养。思维导图在职业教育教学应用中，要针对职业教育的培养目标、课程目标和学生特点。在知识建构中，思维导图并不是只对理论知识体系的建构，更多应该是对应用知识体系、工作过程的知识体系、工艺方法等进行建构。在实习、实训中，思维导图可以用在构建实训操作步骤、分析技能操作要点等方面，也可以用思维导图进行成果展示、提交工作报告等。对一些非动手的、隐性的职业能力通过思维导图也能够得到一定的锻炼。

6. 教学法评价

（1）优点

1）基于思维导图的教学模式可以优化教师的"教"，表现如下。

① 有助于教案编写。利用思维导图编写教案更加方便、灵活，更有弹性，便于修改与完善。因此，教案的使用期更长、内容更新。

② 有利于教师完成教学目标。思维导图与各分支内容框架的完善、学生自己绘制思维导图的过程、创设情境教学与小组协作学习等教学形式既是学生知识与技能的学习过程，也是学习过程的体验与学习方法的获得过程，同时又能激发了学生的学习动机、培养了学生的学习兴趣，获得了良好的学习体验。

③ 有利于教师自身能力的发展。思维导图发散性的特点既能激发学生想象力，也能使教师自身的思维更加发散。创设情境与小组协作学习也可以使教师置身于一定的情境中，扮演一定的角色，可从学生小组讨论与协作中获得新观点与新思想，从而使自身知识体系更加完善、思考更加全面、思维更加活跃。

④ 能提高教师的教学积极性。基于思维导图的课堂教学活动更加灵活有序、操作性强。这种教学模式增强了教师与学生的交流，使教学活动的反馈更加及时有效，便于教师及时调整与改善，交流与反馈的增加，则能提高教师的教学积极性。

2）基于思维导图的教学模式可以促进学生的"学"，表现如下。

① 体现了"以学生为中心"的现代教学理念。思维导图教学法是以学生的"学"为中心进行设计的。整个教学过程都是在学生的积极参与下进行的，学习者是在教师的引导下应用思维导图对知识进行自主建构的，充分体现了"以学生为中心"的教学理念，最大程度促进了学生的"学"。

② 有利于提高学生的学习效果。思维导图能把枯燥单调的信息变成多彩、易记忆、有高度组织性的图与高度概括的关键词、代码符号等，便于学生理清思路、清晰要点，从整体上把握知识结构。其次，通过观看其他同学绘制的思维导图，进行对比、交流，能够调换思考问题的角度，优化自己的思维模式，从而能更全面、更系统地掌握知识体系，更准确地解决问题。另外，利用高度组织化与概括化的思维导图教学便于总结与复习，对整门课程进行复习备考时，翻看每节课的思维导图式总结，则如同观看喜爱阅读的"连环画"，把复习的压力变为轻松的欣赏。

③ 有助于增强学生的学习能力。图文并茂的思维导图，充分运用了左右脑的机能，最大限度地挖掘学习潜能。而思维导图的发散性能促进学生联想力与创造力的发挥，能使人脑思维更加活跃。创设问题情境与小组协作能使理论与实践结合，可以培养组织协调能力与团结合作精神。思维导图的发散性思维特点，更方便集思广益，个体思维碰撞的火花更能形成燃烧的火

焰，充分发挥集体的智慧与力量，弥补学生个体在思维与学习方式上的局限性。

④ 有利于激发学生学习动机，提高学习兴趣。思维导图绘制过程中，不可避免会形成或多或少的认知冲突与求知欲望，从而激发学习者学习动机。图形化、多色彩及具灵活性的思维导图能使信息形象具体化、可视化，而且绘制思维导图具有一定的游戏与娱乐性质，这些都能很好地调动学生的学习积极性和主动性，提高学习兴趣。

（2）缺点　学生的知识系统比较窄，刚开始绘制思维导图时会比较吃力，选取中心词十分关键，一旦选错就影响整幅思维导图的效果，学生容易打退堂鼓；而且思维导图教学法应用有所局限，对于纯计算类的内容及实践操作技能并不能通过思维导图直接锻炼、提高。例如对于焊接、钳工、测量等专业的技能训练，思维导图显然无法对其直接提供帮助。对于这些技能训练，只能通过思维导图的形式明确操作步骤、操作要求，或者提供必要的工作知识或应用知识的支持，使学生在技能训练中能有效整体把握，提高认识。在使用时注意以下问题。

1）教师要系统指导并做示范。一份好的思维导图要求尽可能多地利用图形、符号和线条，容纳大量的信息，但是刚刚入门的人往往达不到预想的效果。因此，在学生刚刚接触思维导图时，教师需要耐心地指导，从简单易懂的事物开始制作，教师还可以就相同的主题和学生一同制作思维导图，给学生以示范，让学生充分理解和掌握思维导图的制作要领，然后进行积极的引导和系统的训练。尤其在分组教学中，教师应该随时观察每个成员在制作过程中的表现，并及时指导，以表扬为主，提出合理化的建议。这样才能充分激发学生的兴趣，同时让学生真正掌握思维导图这一学习方法。

2）教师应及时、全面地评价。在学生每次绘制完一份图后，教师要在充分欣赏后及时指出优、缺点和改善的建议，从整幅图的知识性、美观性及团队合作等多方面给予综合评价，让每个学生都能在有成就感的同时察觉自己的不足，积极改进。这样就会使学生在相互比较中进步，并激发学习兴趣。否则，自信的学生看不到自己的缺点、不自信的学生总觉得做不好、偷懒的学生也能蒙混过关，这样就不能收到预期的效果，学生也就会慢慢失去兴趣。

3）鼓励学生灵活使用思维导图。在任何关键时刻，即使是再错综复杂的事情，思维导图都会让人思路清晰。思维导图是一种学习工具也是一种工作方法，所以教师教会学生这种方法后，就要鼓励他们在工作、生活、学习的各个方面合理利用，这就达到了"授人以渔"的目的，也真正符合高职教育培养学生职业能力的要求。

4）思维导图应突出重点、发挥联想、清晰明白，形成个人风格。思维导图可手绘和机绘，不管是手绘还是机绘，应尽可能多采用图形，使用更醒目的关键词，使用多种颜色，尽量增加线条、字体和图形的大小与形状的变化，这样更能突出重点、促进联想，进而改善记忆和提高创造力。模糊不清会妨碍感知力，更谈不上记忆。因此思维导图为了达到改善记忆、促进思维能力等效果，必须要实现清晰明白。分支上使用清晰美观的图形或者只写一个关键词，字迹工整的关键词要写在粗细有别的线条上而且最好与线条同长，手绘时保证绘制空间足够大等。突出个性，画出属于自己的思维导图，反映出自己独特大脑里非同一般的思维模式与思想网络，不仅更容易记忆，而且能突显成就感。

2.4.2　案例1：常用机构相关知识的复习

案例选择思想：常用机构这一章节从构件的学习入手，由浅入深地介绍了平面四杆机构、凸轮机构、间歇运动机构，内容较多且容易混淆。例如平面四杆机构中就有双摇杆、双曲柄、曲柄摇杆三种机构的分别。利用便于记忆繁杂知识、方便补充和修改的思维导图进行复习，可让枯燥的总结更具色彩和活力。

1. 思维导图教学前期准备

教师行为	学生行为	设置意图
① 分析教学内容、教学目标及教学对象，设定思维导图的应用 ② 搜索相关材料，书写教案 ③ 课前告知学生本节课将采用思维导图进行复习，要求学生先回顾本节课内容，并把学生分成四组，要求学生课后选出组长 ④ 准备上课，将桌椅围成四个方框，同组成员围坐在一起	① 预习 ② 分组，选出组长 ③ 调好座位	① 常用机构涉及的知识点多而杂，采用思维导图进行复习，可以帮学生理清思路、加深印象，同时使课堂更有趣 ② 师生都有了相应的知识准备，有利于教学的正式开展

2. 展示旧的常用机构的思维导图，启动教学

教师行为	学生行为	设置意图
① 展示旧的思维导图，并利用思维导图对上节课的相关内容进行简单回顾 ② 对比旧的思维导图及知识框架图，讲解思维导图的大致组成和绘法，期间与学生互动提问"同学们觉得思维导图和平常的知识框架图有什么不一样的？" ③ 提示思维导图绘制的一些技巧，如中心词的确定、一级标题的延伸	① 认真听讲 ② 积极思考、回答问题	① 先行复习，让学生对知识回顾的同时，形成对思维导图的初步认识 ② 以学生熟悉的知识框架图对比讲解思维导图，让学生更快接受思维导图，产生兴趣 ③ 学生大致了解思维导图的绘制，为接下来的教学做好准备

图 2-38 所示为旧的常用机构思维导图。

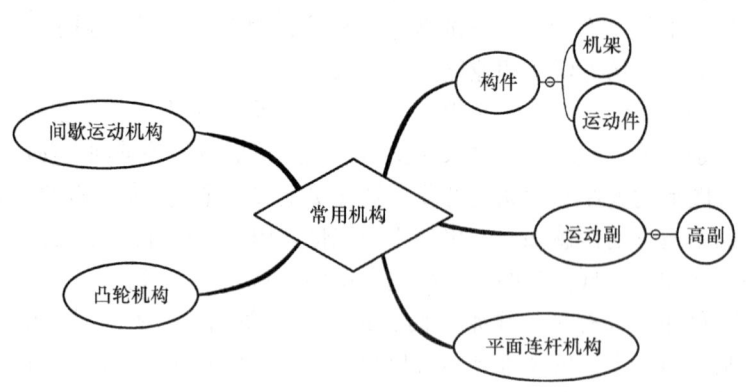

图 2-38 旧的常用机构思维导图

图 2-39 所示为常用机构的知识框架图。

第 2 章 以理论教学为主的教学法

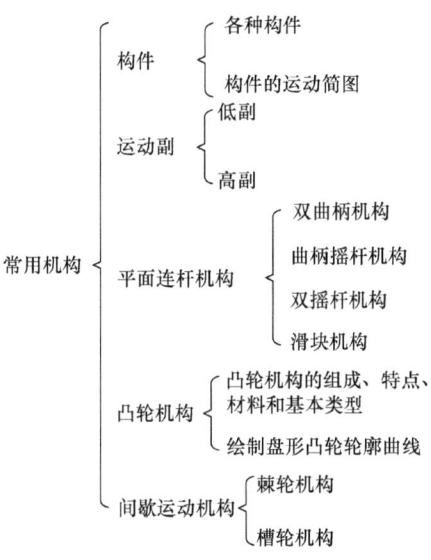

图 2-39 常用机构的知识框架图

3. 教师在常用机构思维导图延伸（或重新画一幅），实施教学

教师行为	学生行为	设置意图
① 在原有的思维导图上进行补充，在此过程中，提问"同学们觉得这幅思维导图还差了那些知识？"，采用与学生共同思考的方式进行扩展，也可以叫学生到台上来画画，必要时还可以展开小组讨论，引导学生对思维导图进行不断的补充 ② 大致补充完之后，展示网上一些其他优秀的思维导图，对刚刚绘制的思维导图进行客观的评价	① 认真听讲 ② 积极思考、回答问题 ③ 小组讨论	① 教师亲身示范，保证学生基本掌握了思维导图的绘制 ② 互动开发学生的思维，让学生渐渐学会扩展 ③ 在接触了更为优秀的思维导图后，学生更能体会到思维导图可以更加随性和有趣，引导学生敢于创新和创作

图 2-40 所示为延伸后的常用机构思维导图。

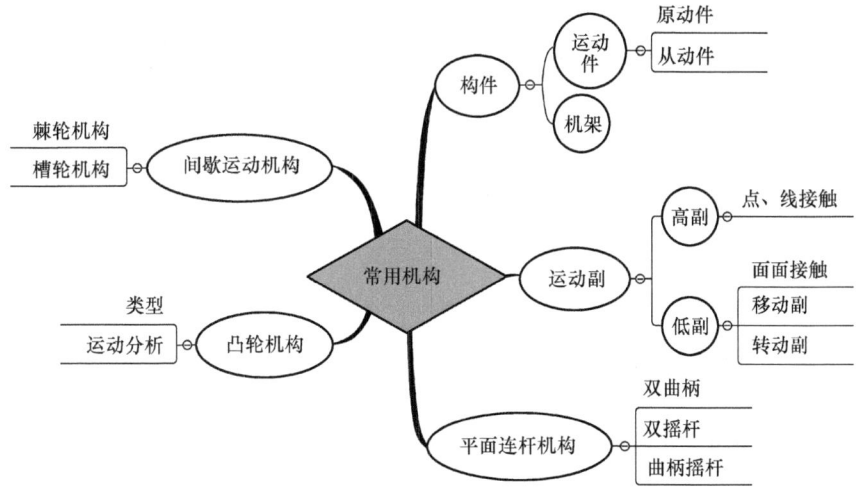

图 2-40 延伸后的常用机构思维导图

4. 学生以小组为单位重新画一幅思维导图，教师进行教学评价

教师行为	学生行为	设置意图
① 发放材料（彩色笔、一张白纸，也可以要求学生自备），要求学生以小组为单位，经过讨论，绘制本组的思维导图 ② 在学生绘制思维导图的过程中，教师要从旁指导，回答学生的疑问，给出适当的建议 ③ 如果学生在课堂上能够完成任务，就进行各组成果的展示，教师和同学给出评价，并评出一幅最为优秀的思维导图，在班报上进行展示 ④ 如果学生未能及时完成，可以留到课后继续完善，再上交老师，老师给出适当的评价 ⑤ 总结本节课	① 小组讨论 ② 绘制思维导图 ③ 对其他组员的思维导图进行评价、交流 ④ 上交思维导图 ⑤ 认真听讲、自我总结	① 学生自主完成思维导图的绘制，可以使学生真正开发思维 ② 小组合作，可提高学生的协作能力，并达到交换思想、共同进步的作用 ③ 及时地评价可以及时地纠正错误，也可以相互学习、交流，取长补短

应用拓展：对于知识繁杂、理论性强的机械知识，如力的相关知识，它包含了重力、浮力、摩擦力等几大板块，其中有较多的符号和公式，采用思维导图教学法进行复习，可以达到更好的教学效果。同样，对于不断向外延伸的知识，如材料的相关知识，以碳的质量分数为线，用一幅思维导图进行总结，可以归纳各种钢的特点、牌号，可以更加清晰、得到更广的延伸。

2.4.3 案例2：金工实习常用刀具及工量具

案例选择思想：金工实习是一门实践基础课，是机械类各专业学生学习工程材料及机械制造基础等课程必不可少的课程。在金工实习有车工、铣工、钳工、磨床、刨床等的实习，在实习过程中涉及各类的刀具及工量具，内容较多，不容易记住。在金工实训完毕进行总结的时候如果采用思维导图进行复习，会让学生一目了然、印象深刻、便于记忆。

1. 思维导图教学前期准备

教师行为	学生行为	设置意图
① 分析、总结内容和目标，以及学生实习情况，设定思维导图的应用 ② 整理相关材料，书写教案 ③ 课前告知学生本节课将采用思维导图进行复习，要求学生先回顾本次金工实习的内容，并把学生分成四组，要求学生课后选出组长 ④ 准备上课，将桌椅围成四个方框，同组成员围坐在一起	① 预习 ② 分组，选出组长 ③ 调好座位	① 金工实习所要用到的刀具和工量具比较多，采用思维导图进行复习，可以帮学生理清思路、加深印象，同时使课堂更有趣 ② 师生都有了相应的准备，有利于教学的正式开展

2. 展示金工实习的刀具及工量具，启动教学

教师行为	学生行为	设置意图
① 展示金工实习的刀具及工量具（图2-41），并利用思维导图对金工实习的相关内容进行简单回顾 ② 针对金工实习的刀具及工量具，讲解思维导图的大致组成和绘法，期间与学生互动提问"同学们觉得思维导图和平常的知识框架图有什么不一样的？" ③ 提示思维导图绘制的一些技巧，如中心词的确定、一级标题的延伸	① 认真听讲 ② 积极思考、回答问题	① 先行复习，让学生对知识回顾的同时，形成对思维导图的初步认识 ② 以学生使用过的刀具及工量具对比讲解思维导图，让学生更快接受思维导图，产生兴趣 ③ 学生大致了解思维导图的绘制，为接下来的教学做好准备

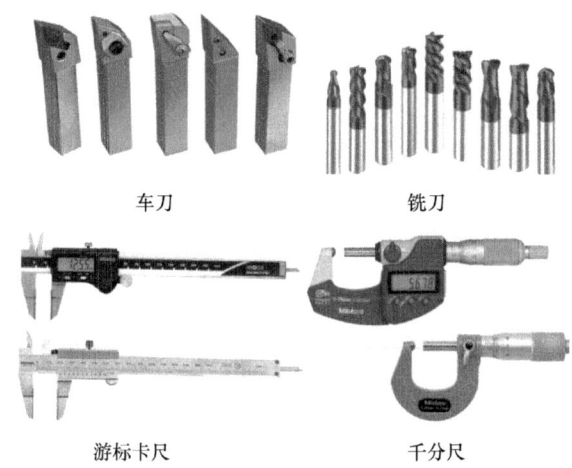

图 2-41　金工实习的刀具及工量具

图 2-42 所示为金工实习常用刀具及工量具框架图。

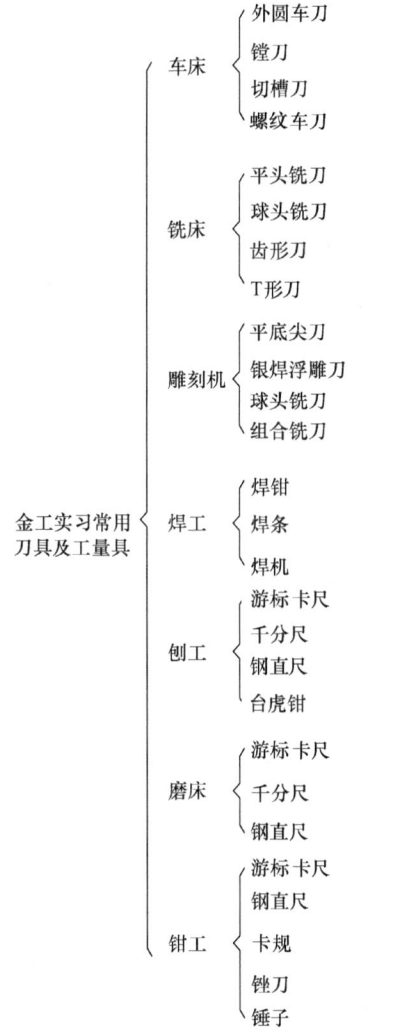

图 2-42　金工实习常用刀具及工量具框架图

3. 教师在金工实习常用刀具及工量具思维导图延伸（或重新画一幅），实施教学

教师行为	学生行为	设置意图
① 在原有的思维导图上进行补充，在此过程中，提问"同学们觉得这幅思维导图还差了哪些知识？"，与学生共同思考的方式进行扩展，也可以叫学生到台上来绘画，必要时还可以展开小组讨论，引导学生对思维导图进行不断的补充 ② 大致补充完之后，展示网上一些其他优秀的思维导图，对刚刚绘制的思维导图进行客观的评价	① 认真听讲 ② 积极思考、回答问题 ③ 小组讨论	① 教师亲身示范，保证学生基本掌握了思维导图的绘制方法 ② 互动开发学生的思维，让学生渐渐学会扩展 ③ 在接触了更为优秀的思维导图后，学生更能体会到思维导图可以更加随性和有趣，引导学生敢于创新和创作

图 2-43 所示为延伸后的金工实习常用刀具及工量具思维导图。

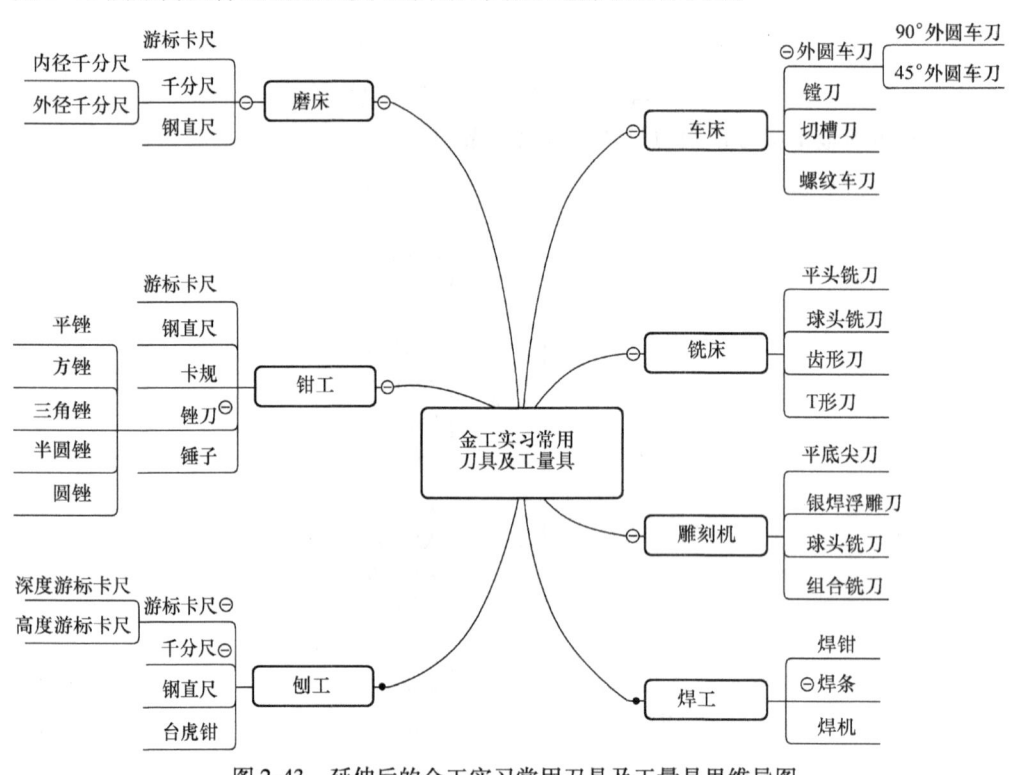

图 2-43　延伸后的金工实习常用刀具及工量具思维导图

4. 学生以小组为单位重新画一幅思维导图，教师进行教学评价

教师行为	学生行为	设置意图
① 发放材料（彩色笔、一张白纸，也可以要求学生自备），要求学生以小组为单位，经过讨论，绘制本组的思维导图 ② 在学生绘制思维导图的过程中，教师要从旁指导，回答学生的疑问，给出适当的建议 ③ 如果学生在课堂上能够完成任务，就进行各组成果的展示，教师和同学给出评价，并评出一幅最为优秀的思维导图，在班报上进行展示 ④ 如果学生未能及时完成，可以留到课后继续完善，再上交老师，老师给出适当的评价 ⑤ 总结本节课	① 小组讨论 ② 绘制思维导图 ③ 对其他组员的思维导图进行评价、交流 ④ 上交思维导图 ⑤ 认真听讲、自我总结	① 学生自主完成思维导图的绘制，可以使学生真正开发思维 ② 小组合作，可提高学生的协作能力，并达到交流思想、共同进步的作用 ③ 及时地评价可以及时地纠正错误，也可以相互学习、交流，取长补短

2.4.4 案例3：电路相关知识的复习

案例选择思想：电路的相关内容涵盖了大量的概念和公式，而且一环扣一环，需要学生反复记忆，在旧的知识的基础上，学习新的知识。采用思维导图教学法进行复习，可以采用阶段性的复习，学生每一次复习就在思维导图上补充一个分支，这幅思维导图会越来越丰富。最后再做一次总结性的复习，可以达到归纳、巩固知识的效果。

1. 思维导图教学前期准备

教师行为	学生行为	设置意图
① 分析教学内容、教学目标及教学对象，设定思维导图的应用 ② 搜索相关材料，书写教案 ③ 课前告知学生本节课将采用思维导图进行复习，要求学生先回顾本节课内容，并把学生分成四组，要求学生课后选出组长 ④ 准备上课，将桌椅围成四个方框，同组成员围坐在一起	① 预习 ② 分组，选出组长 ③ 调好座位	① 电路的相关知识点多为公式、容易混淆，采用思维导图进行复习，可以帮学生理清思路、加深印象，同时使课堂更有趣 ② 师生都有了相应的知识准备，为正式开展教学做好充分的准备

2. 展示旧的电路的思维导图，启动教学

教师行为	学生行为	设置意图
① 展示旧的电路思维导图（图2-44），并利用思维导图对上节课的相关内容进行简单回顾 ② 提示思维导图绘制的一些技巧，如中心词的确定、一级标题的延伸	① 认真听讲 ② 积极思考、回答问题	① 先行复习，让学生对知识回顾的同时，形成对思维导图的初步认识 ② 以旧引新，学生大致了解思维导图的绘制方法，为接下来的教学做好准备

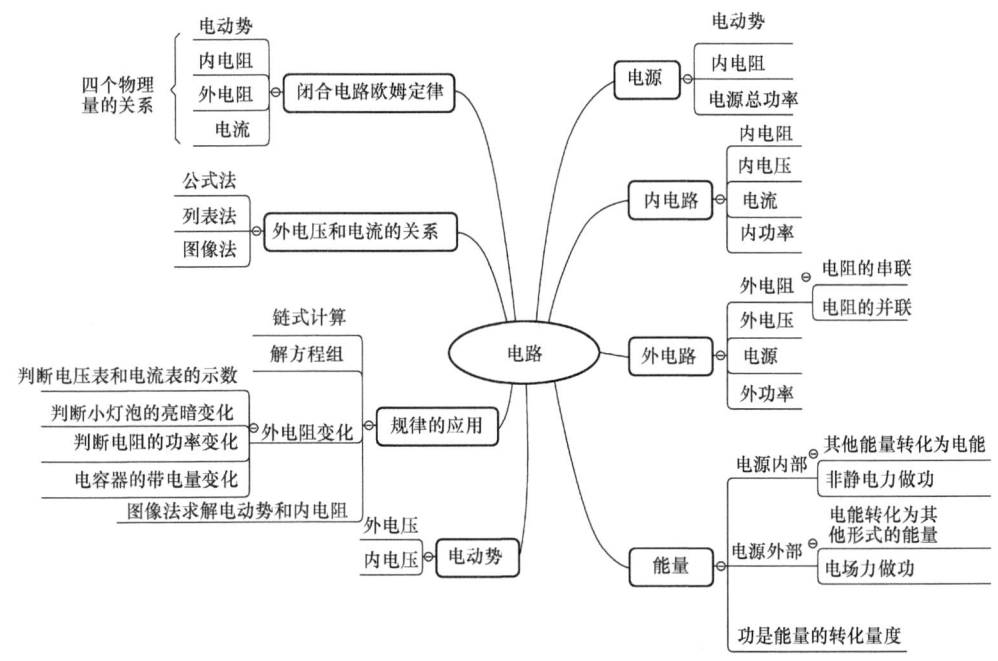

图 2-44 旧的电路思维导图

3. 教师重新画一幅简单的思维导图（或在原有思维导图延伸），实施教学

教师行为	学生行为	设置意图
① 仍然以电路为主干，一级分支加上电流、电压、电阻的基本定律，引导同学们看着书本来提示老师应该写些什么。不断进行扩展，也可以叫学生到讲台上来画，必要时还可以展开小组讨论 ② 补充完一级分支之后，展示网上其他优秀的思维导图	① 认真听讲 ② 积极思考、回答问题 ③ 小组讨论	① 教师亲身示范，保证学生基本掌握了思维导图的绘制方法 ② 通过互动开发学生的思维，让学生渐渐学会扩展 ③ 在接触了更为优秀的思维导图后，学生更能体会到思维导图可以更加随性和有趣，引导学生敢于创新

图 2-45 所示为重新绘制的电路思维导图。

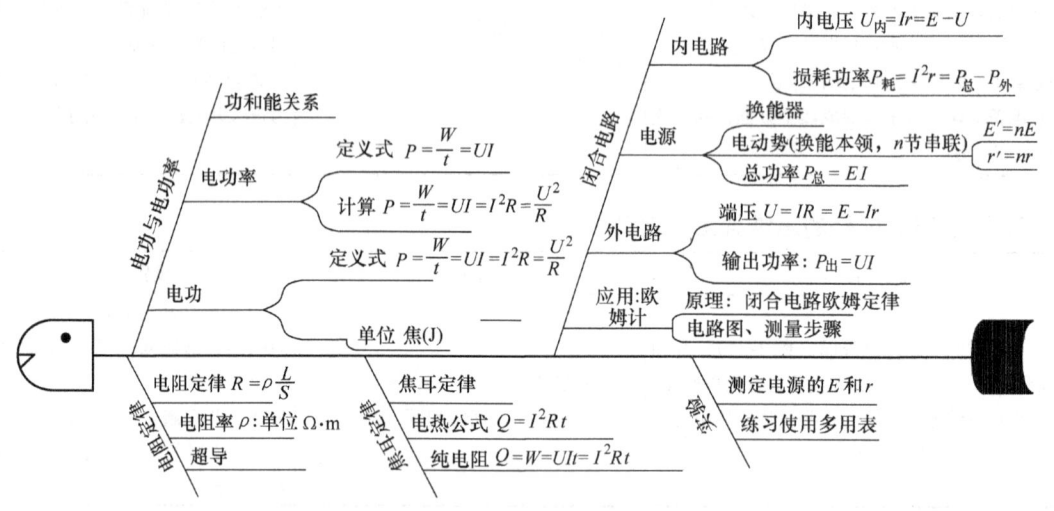

图 2-45　重新绘制的电路思维导图

4. 学生以小组为单位重新画一幅思维导图，教师进行教学评价

教师行为	学生行为	设置意图
① 发放材料（彩色笔、一张白纸，也可以要求学生自备），要求学生以小组为单位，经过讨论，绘制本组的思维导图 ② 在学生绘制思维导图的过程中，教师要从旁指导，回答学生的疑问，给出适当的建议 ③ 如果学生在课堂上能够完成任务，就进行各组成果的展示，教师和同学给出评价，并评出一幅最为优秀的思维导图，在班报上进行展示 ④ 如果学生未能及时完成，可以留到课后继续完善，再上交老师，老师给出适当的评价 ⑤ 总结本节课	① 小组讨论 ② 绘制思维导图 ③ 对其他组员的思维导图进行评价、交流 ④ 上交思维导图 ⑤ 认真听讲、自我总结	① 学生自主完成思维导图的绘制，可以使学生真正开发思维 ② 小组合作，可提高学生的协作能力，并达到交换思想、共同进步的作用 ③ 及时地评价可以及时地纠正错误，也可以相互学习、交流，取长补短

应用拓展：电类的知识几乎都可以采用思维导图进行复习，因为电的相关知识有着符号多、公式多的特点，每一个元件就对应一个图形符号，图形比文字更具冲击力和吸引力，把归

纳融入绘制思维导图过程当中，更利于学生的记忆。

2.5 其他图示教学法

像思维导图教学法一样，把图案运用到教学上，并以此为教学活动开展的载体和主要方式的教学法还有很多，如概念图教学法、树图教学法及鱼骨图教学法。融图案于教学，使沉闷的知识变得多元化、色彩化、形象化，更能吸引学生的兴趣，让学生学得有趣、轻松。

2.5.1 概念图教学法

概念图教学法（简称概念法）是利用概念图这种可视化的语义网络——知识呈现的有向图，其中称端结点为概念结点，内部结点为概念关系，将某一领域内的知识元素按其内在关联进行组织呈现和意义建构的一种教学法。

1. 概念图教学法的主要步骤

概念图教学法的主要步骤见表2-1。

表2-1 概念图教学法的主要步骤

序号	步骤	具体做法
①	借助概念图，帮助学生建立知识的结构	创设情景→提出问题→引出概念→构建体系→绘制概念图
②	借助概念图，培养学生实践能力	创设情景→引出概念→提出问题→分析讨论→构建体系→学生绘制概念图
③	借助概念图变式练习，培养学生创新精神	概念图变式练习方式可以演绎为填充题、填图题和连线题等多种形式，用"填一填、涂一涂、连一连"等方法

2. 概念图绘制步骤

1）选取一个熟悉的知识领域。
2）确定概念等级关系。
3）概念图草图构思。确定概念图纵向分层和横向分支。
4）建立概念之间的连接，并在连线上用连接词标明两者之间的关系，即形成概念图。
5）在以后的学习中不断修改和完善。

3. 示例

机械能概念图如图2-46所示。电功与 U/t 的关系概念图如图2-47所示。

2.5.2 鱼骨图分析法

鱼骨图分析法（简称鱼骨法），又称因果分析法，是一种发现问题"根本原因"的分析方法。

1. 鱼骨图分析法一般步骤

老师把问题目标先列举出来，并画出鱼骨图骨架（图2-48）。然后让学生充分利用自己原有的知识和发挥想象力。

接着可以采用布置作业的形式，把学生分成不同的小组，并引导学生充分利用网络资源，在规定的时间内把结论制成海报形式，再让各组学生到讲台来阐述自己的观点。

2. 鱼骨图的类型

鱼骨图可以分为以下类型。

1）整理问题型鱼骨图。各要素与特性值间不存在原因关系，而存在结构构成关系。

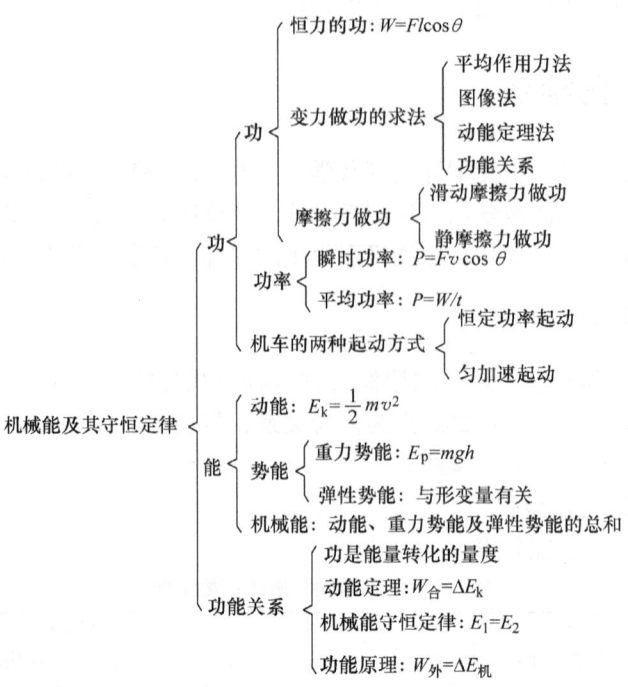

图 2-46 机械能概念图

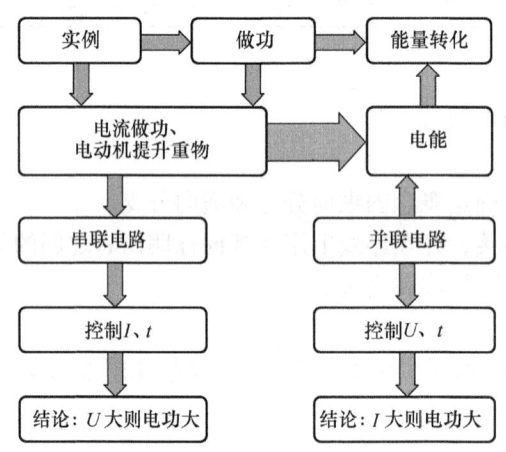

图 2-47 电功与 UIt 的关系概念图

2）原因型鱼骨图。鱼头在右，特性值通常以"为什么……"来写。

3）对策型鱼骨图。鱼头在左，特性值通常以"如何提高/改善……"来写。

3. 绘制鱼骨头的基本步骤

1）填写鱼头，画出主骨。

2）画出大骨，并填写。

3）画出中骨、小骨，并填写。

4）用特殊符号标识重要元素。

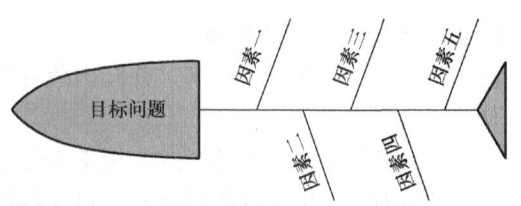

图 2-48 鱼骨图骨架

5）在以后的学习中不断修改和完善。
4. 示例
鱼骨图示例如图 2-49 所示。

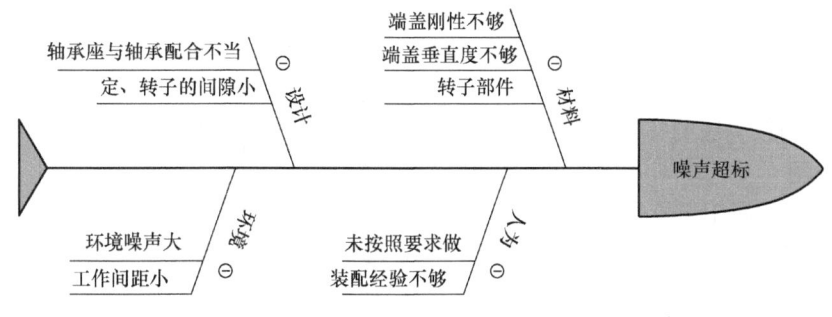

图 2-49　鱼骨图示例

2.5.3　树枝图分析教学法

1. 树枝图分析教学法基本步骤

首先根据问题的具体现象，师生共议确定几种可能的原因、解决方案，然后将全班同学分为几组，按老师分配的内容，要求每位同学认真思考，按组序回答问题。然后，同学根据具体现象和本组负责的内容在充分讨论的基础上举手回答，之后，其他组同学可以举手补充。接着把原因进一步细化，慢慢地一步一步追溯到根本原因，提出完整的解决方案。并在讨论过程中，把每一步以树枝图的方式记录下来。

2. 示例

树枝图示例如图 2-50 所示。

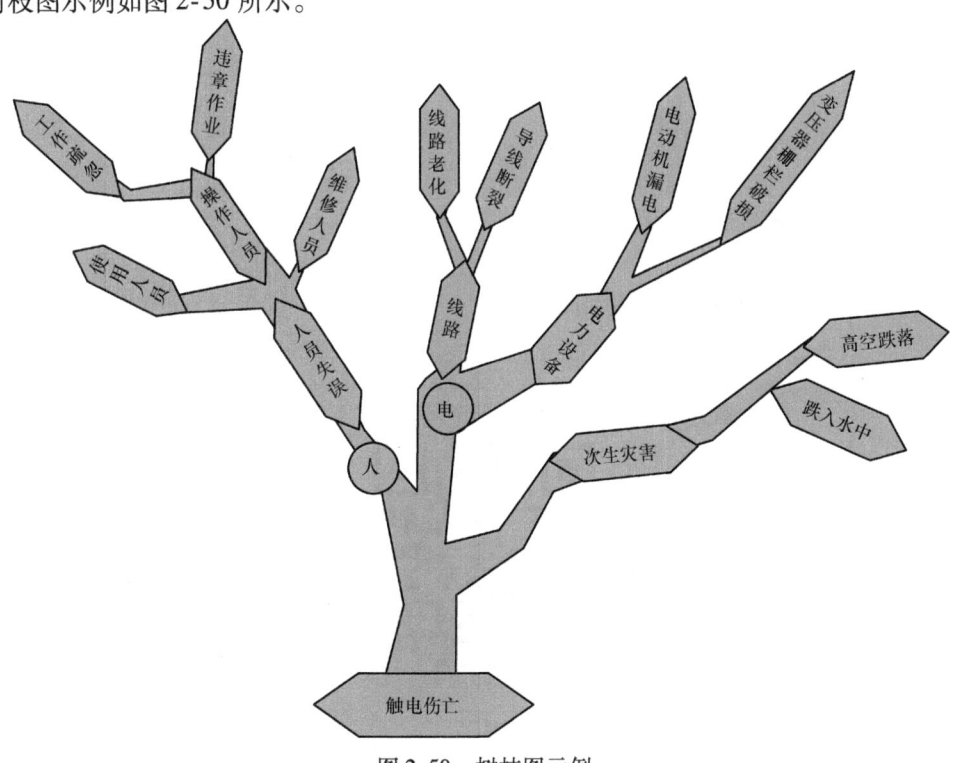

图 2-50　树枝图示例

思考与练习

一、填空题
1. 思维导图是由英国"大脑基金会"主席_____在 20 世纪 80 年代开发研究的。
2. 思维导图教学法具有有趣有效、_____，以及激发求知欲、补充方便的特点。
3. 思维导图教学法的实施过程包括_____，最后是思维导图作业、反思。

二、选择题
1. （　　）不属于思维导图教学法的运用原则。
   A. 要符合认知规律　　　　　　　B. 要融合使用多种教学方法
   C. 要采用绘制软件　　　　　　　D. 要根据实际合理采用
2. （　　）是对于思维导图教学法描述错误的。
   A. 大量使用线条、符号、词汇和图像
   B. 有一定的绘制模式
   C. 一般中心发散
   D. 思维导图教学法是快速记忆、组织知识的一种教学法
3. 思维导图教学法的优点不包括（　　）。
   A. 有助于教案编写　　　　　　　B. 有利于教师完成教学目标
   C. 利于教师自身能力的发展　　　D. 教师成为学生学习的中心

三、判断题
1. 思维导图教学法就是把一长串枯燥的知识变成彩色的、容易记忆的、有高度组织性的图画，让学生正确而快速记忆、组织知识。（　　）
2. 教师应给学习者展示"思维导图的正确结构与绘制"。（　　）
3. 思维导图在职业教育教学应用中，并不排斥使用其他方法。（　　）

四、简答题
1. 简述思维导图教学法的思维导图绘制、教学过程。

2. 简述思维导图教学法的优、缺点。

3. 简述使用思维导图教学法的原则。

本章理论知识在线学习请微信扫描下方二维码：

第3章 实践教学法

3.1 任务驱动教学法

应用情境：在理论教学过程或机加工实训中，往往在课程快要结束的时候，教师要检验学生的学习情况。例如软件的使用、电路的设计及机械图样的绘制等。在此过程中，使用任务驱动教学法（简称驱动法），教师把涵盖本次课所学内容的任务布置给每个学生，学生通过思考、加工和动手绘制等方式完成任务。这样能锻炼学生的学习能力，巩固学生的知识，也能激发学生的求知欲望。

3.1.1 教学法理论

1. 概念

任务驱动教学法就是在学习过程中，学生在教师的帮助下，紧紧围绕一个共同的任务展开的活动，在强烈的任务动机的驱动下，通过对学习资源的积极、主动地使用，进行自主探索和互动协作的学习，并在完成既定任务的同时，进行一种学习实践活动的教学法。任务驱动教学法是一种建立在建构主义教学理论基础上的教学法。它要求"任务"具有目标性并创建教学情境，使学生带着真实的任务在探索中学习。在这个过程中，学生还会不断地获得成就感，可以更大地激发他们的求知欲望，逐步形成一个感知心智活动的良性循环，从而培养出独立探索、勇于开拓进取的自学能力。

2. 起源

任务型教学（Task - Based Learning，简称TBL）是20世纪80年代由勃雷泊（Prabhu，1987）从教学的角度提出来的，其目的是使学生通过完成任务的方式学习。在此基础上，纽南（Nunan，1989）对交际任务设计模式的研究以及威莉斯（Willis，1996）对任务型学习框架的分析，进一步深化了任务型教学的内涵。随后，人们提出了交互假设、交际效度理论、任务型学习的方法论与社会文化观。这些研究丰富了任务型学习的理论，使任务型教学从单一走向多元化。

3. 特点

任务驱动教学法实际上是以任务为中心，指导学生在完成任务中掌握知识，带动知识和技能发展的学与教的方式，这种教学方法特别适用于学生学习操作类的知识和技能。要有效地实施任务驱动教学，应注重理解和运用以下几个特性。

（1）基础性 中职类所学学科，注重传授基础知识和基本技能，培养学生良好的知识素养。多年来，所学的教材不断更新，但基本内容是相对稳定的，学生只有学好了基础知识，才能实现学习的迁移。虽然任务驱动教学法突出了任务的目标性，但任务的获取离不开学科的基础知识和基本技能。因此教师要确立教学目标，高度重视所学知识内容的基础性，绝不能将课程教学"培训化"。

（2）目标性 使用任务驱动教学法时，教师应首先向学生布置本课程、本阶段、本单元、本节课的学习任务，要求学生带着要完成的任务或带着要解决的问题去学习，以探索问题来引起和维持学习者的学习兴趣和动机。

任务驱动教学法应具有目标性，要使学习目标十分明确。在某个学习阶段，紧紧围绕这一既定的目标，了解相关的知识和操作方法，其他的可以一概先不涉及，这样做可以大大提高学习的效率和兴趣。当然，一个"任务"完成了，一个目标达到了，会产生新的"任务"、新的目标。例如，在学习计算机基础这门课程的时候，能在计算机上输入汉字了，接着就要提出新的问题，如怎样改变字体、字号，怎样把输入的文章保存，怎样打印，怎样在文本中插入表格或图形等。在教学过程中，随着一个个任务的完成，学生会不断获得成就感，更大地激发他们的求知欲，逐步形成一个感知心智活动的良性循环，对于初学者来说，还将逐步消除计算机的神秘感，并且不断地体会到使用计算机的乐趣。

（3）科学性　教师引导学生学习、探究其未知领域，是一种非常严谨的探索活动。那么，任务驱动教学活动方案中的任务设置、内容安排和探讨程序都应该具有科学性，符合教育科学发展特点，适合学生的身心发展及认知规律，使其结构合理、逻辑严密、井井有条、张弛有度。因而在设计"任务"时，必须考虑到学生现有的知识结构和能力水平，容易调动学生现有的智力因素来建构新的知识体系。

一般地讲，认知目标可以采用了解、理解、掌握三个层次的学习水平（了解主要指学生能够记住或复述学过的知识和操作方法；理解指学生对学习过的知识及操作方法，能用自己的语言或动作进行表述、判断和直接运用；掌握指学生能用所学过的知识和操作方法去解决新情况下的简单问题）。操作目标一般可以采用初步学会、学会、比较熟练三个层次的学习水平（初步学会指学生能进行基本的上机操作；学会指学生能进行连续的、差错较少的上机操作；比较熟练指学生能进行效率较高的、习惯性的、有错误能立即自我纠正的操作）。例如，在学习电路设计软件 Protel 的时候，创建与保存新的项目文件、原理图、印制电路板文件等的方法就包含了不同层次学习水平的要求。学习内容必须依据课程标准，结合学生的学习水平和身心发展规律进行选择。所选择的内容既不能偏多，也不能过少。内容太多会使学生望而却步、无从入手；内容太少会使学生觉得淡而无味、无事可做。在学生学习内容划分、任务设计的过程中力求做到科学准确、系统适量，让学生有"跳一跳，摘到果子"的成功喜悦，也要有利于学生形成系统的知识体系和提高解决问题的能力。

（4）趣味性　兴趣是最好的老师，是推动人们去寻求知识、探索真理的一种精神力量，兴趣对学生来说是最重要的，有了兴趣学生才会积极、主动地去学习。而在课堂教学中，激发了学生的学习兴趣，才会激活和加速学生的认知活动，因此任务驱动教学法中提出的任务必须让学生感兴趣，必须有吸引力。如果学生对提出的任务没有兴趣，那该任务一定是失败的。由此，要以日常生活中喜闻乐见的事物为素材提出任务，让学生带着浓厚的兴趣，主动、积极地完成任务，提高其学习效果。不能提出一些枯燥乏味的任务迫使学生去完成，挫伤其学习的积极性。

例如，在组织学生上机操作时，教师可以提出一些有意思的上机目标，让学生为了这个目标而去探索它的实现方法，尽量将探究知识的主动权交给学生，给他们多一些求知的欲望，多一些学习的兴趣，多一些表现的机会，多一份创造的信心，多一份成功的体验，给学生一种到达成功彼岸的力量。例如在计算机课程教学中，在学习 Word 文字处理时可以让学生设计自己的名片，或者设计一份板报；在学习 Excel 电子表格时可以让学生对自己的生活花费进行统计，还可引导学生用"Excel"进行班级成绩的统计、学习情况的数据分析，班级通信录制作；在学习 PowerPoint 时可以让学生做一个介绍家庭或学校的多媒体演示文稿。

(5) 实践性　中职类课程大多数都是实践性非常强的课程，因此在课上用"纸上谈兵"的传统教学法是不可行的。学生亲自操作实践远比听老师讲、看老师示范要有效得多。教师对知识进行讲解、演示后，关键就是让学生动手实践。因此，教师一定要注重"任务"的可操作性，设计出只有通过自己动手操作才能完成的、而且是每个同学都不一样的"任务"。例如，在讲机械制图时，让每个学生用 AutoCAD 软件画一个不同尺寸、形状不一样的立体图形就是一个很好的任务，不但巩固了学生关于基本指令的知识，而且也提高了他们的动手操作能力。

在实践过程中，根据"解决问题"的需要而凝聚、汇集知识技能等要素。解决问题之后，这个过程又以"经验包"的形式留在学生的头脑中。而这个"经验包"里，至少有如下五个方面的"经验"。

1）经过使用，被验证过的"知识"。
2）经过实际应用，更加熟练掌握的"技能"。
3）在解决问题过程中获得的新的"知识""方法""技巧"。
4）伴随整个过程所产生的"情感"。
5）与问题相伴的"情境"的记忆。

学生头脑中经过以上这些环节进行重组的知识，将有一个"质"的飞跃。

(6) 创新性　中职课程的重要目标是要培养学生的创新精神和实践能力，因此教师在设计驱动任务时，还要考虑到留给学生一定的创新空间，让学生有思考和尝试的余地。现在的许多应用软件都有帮助功能，应该鼓励和指导学生充分利用这些功能。同时，应启发他们通过尝试和探究去发现，要鼓励他们善于举一反三、触类旁通。这样，学生的学习会更加主动，学生的情感、表达能力、知识技能会得到长足发展。在这一过程中，学生获取知识、解决问题的手段更具发现性、探究性和创新性，而不再是传统意义上的简单获取。

4. 实施过程

(1) 任务设计　任务设计是实施任务驱动教学法的第一步。教师要根据具体的教学内容来设计任务、充分备课。设计任务时要注意以下几点。

1）任务必须具有典型性。任务要能涵盖本节课的教学内容。
2）任务要具有实践性。要求设计的教学任务能结合实际并能让大多数学生理解。
3）任务要有一定的针对性。教师应该针对学生的学习理解能力来选择或设计教学任务。
4）任务要有趣味性。力求教学过程中用到的任务都能有趣味性，吸引学生，提高学生的积极性，激发学生的学习兴趣。

(2) 解决任务　解决任务在于动手操作完成任务，让学生提出解决任务的方法和途径。对于同一个任务，允许学生提出各自不同的分析结果和解决方法。由于学生的差异，在尝试练习的过程中会出现不同的问题，这时教师就需要引导学生围绕任务，找出自己在尝试练习中的不足，或者把自己完成任务的方法说出来，介绍给大家。同时，教师要通过演示示范、讲解等方式有针对性地引导学生学习新知识和操作，并学会操作中的重点、难点，把一些在操作中容易出错的地方或是一些小的技巧教给学生，让他们通过练习来体会、理解操作方法。学生是解决任务的主体，把任务中的内容与相应的若干理论知识加以联系。要达到这样的目标，关键要教师做好启发、引导工作，想方设法给学生创造自由、宽松的讨论氛围，让学生在解决任务中真正地动起来，而教师只起引导作用，让学生综合运用所学知识独立、自主思考，相互间大胆地交流、研究。教师对学生要及时加以鼓励和称赞，即使学生的回答不完全正确，也不急于进行评判，让他们进行自我反省和更正，使学生在没有压力和顾忌的情境下进行探索和思考。

(3) 任务总结　根据教学需要，可以分两步进行，在课堂中留出一些时间，对学生在本节课中较好的作品通过投影仪在全班进行展示，或者在学生之间、小组之间进行展示，通过展示表扬和鼓励学生，让大家共同分享成功的快乐。在展示结束后可对学生在课堂中的表现进行鼓励性的评价，将不足化为希望，小结本课。

5. 教学法运用原则

(1) 教学目标分析　决定教学的方向，围绕情景这一方向设计教学目标，有利于教师的"教"和学生的"学"，以确定当前所学知识的"主题"。

(2) 情境创设　创设情境、演示事物，激发学生的好奇心和求知欲。尽量选择贴近学生生活，学生熟知、感兴趣的情境。

(3) 任务导出　观察引导，提出任务、分析任务，以小组为单位，让学生围绕教学目标，用更高的热情和积极性去完成任务。

(4) 资源辅助预设　预先准备与完成任务相关的知识信息展现的顺序，而且资源应该能吸引学生，活跃课堂气氛，带动学生的积极性。

(5) 自主学习设计　以学生为中心，培养学生自主学习的能力，充分发挥学生的创新精神，提高学生的专业技能水平。

(6) 协作学习环境设计　开展小组协商、讨论、合作，培养学生的观察分析能力和交流协作能力。

(7) 学习效果评价设计　评价应该是多元的，既有教师的总结评价，又有每个学生个人的自我评价，还要有每个团队中每个人的评价。

6. 教学法评价

(1) 优点

1) 有利于发挥学生的主体作用。任务驱动教学法要求学生自己完成学习任务。学生是学习的主体，完成任务的策略、方法由学生自己决定，需要用到的知识由学生自己来组织，需要用到的资源由学生自己来寻找和筛选，不完全跟着教师的思想来行动，变被动为主动，有效地发挥学生的主体作用。

2) 有利于学生完整地掌握所学知识。学生听教师讲解往往无法真正体会知识的真实含义、运用范围和使用方法等一系列问题。采用任务驱动教学法，学生应用知识完成任务，不但需要掌握知识的真实含义，而且需要知道应用知识的背景、应用知识产生的效果等，对一些比较容易混淆的概念有清晰地认识，从而对知识有完整地理解。

3) 有利于发挥学生学习的主观能动性，激发学生的创新思维。因为任务是学生感兴趣的、与学生生活密切相关的，所以学生有一种希望做好它的冲动，他们会尽自己的最大努力去完成。又因为学生具有很强的表现欲望，希望自己的作品被其他同学和教师认可，所以他们在完成任务的过程中尝试各种新的表现手法或独到的方法，积极发挥他们的创造性思维和求异思维，力求作品新颖。

4) 有利于学生分析问题、解决问题和知识应用能力的提高。要完成任务，学生必须分析任务可能的解决方法、需要用到什么知识解决、如何获取这些知识、如何应用知识解决等一系列的问题。

5) 有利于学生个性的发展和能力的提高。由于学生之间学习能力的差异和个性的差异，如果采用教师统一授课，势必导致成绩优秀的学生"吃不饱"，而成绩差的学生"消化不良"，不利于学生个性的发展。采用任务驱动教学法，教师在每堂课设置多个不同层次的学习任务，成绩优秀的学生在完成基本的学习任务以后,可以继续完成自己感兴趣的较高要求的任务,使学生的能力得到最大限度地提高,推动个性的发展。这既符合"最近发展区"理论(学生的发展有两种水平:一种是学生的现有水平,指独立活动时所能达到的解决问题的水平;另一种是学生可能的发展水平,也就是通过教学所获得的潜力。两者之间的差异就是最近发展区。教学应着眼于学生的最近发展区,为学生提供带有难度的内容,调动学生的积极性,发挥其潜能,超越其最近发展区而达到下一发展阶段的水平,然后在此基础上进行下一个发展区的发展),又体现了因材施教的原则。

6) 有利于突破教材框框的限制。由于教材内容的有限性和相对滞后性,学生应用的知识往往超过教材规定的内容。采用任务驱动教学法,学生可以尝试采用课本以外的知识来解决问题,实现学以致用、随学随用,同时对新的知识有一定的了解,并与教材中的知识做比较,既突破了教材的框框,又使学生学到教材中没有的新知识。

(2) 缺点 在目前我国大多数中职院校中,任务驱动教学法教学在运用中还是有其不足之处的。

1) 课堂效率低,难以保证大班额课堂教学任务的完成。任务驱动型教学以学生为中心,把课堂学习的主动权交给了学生,虽然教师可以根据课堂实际情况对课堂进度进行调控,但由于目前班级的实际情况(大多数班级人数在50人左右,农村学校甚至更多),课堂所设计的任务或项目一般都很难在规定的时间内完成。所以往往教师采取的做法是缩短任务完成的时间,或者把部分任务放到课后去完成,这样就造成课堂任务完成的质量难以保证,甚至任务的执行也成为形式和走过场。

2) 课堂的组织和任务的设计与实施过分依赖教师的教学能力和教学水平。目前有些教师对于任务型课堂教学模式把握得并不很理想。有的教师采用任务驱动教学法时,仅按部就班地完成课本上的教学步骤,忽视了原理概念的导入,造成学生专业基础知识严重缺乏,影响其今后的进一步学习;而有的教师则还是沿袭传统的理论教学模式,重视概念的原理的输入,把教材上的活动任务作为练习和补充,这样虽然学生的基础知识扎实了,但又严重脱离了任务型教学的初衷,把原本要还给学生的课堂又变成以教师为主的练兵场。

3) 课堂中学生的个体活动难以有效监督和控制,反馈效率低。任务型课堂教学的特点就是把课堂活动任务化,让学生在完成一系列的任务的过程中理解教学内容,而在实际教学中,当教师布置了任务并分好小组时,却往往发现部分学生在交流中并没有按照教师说的做,虽然反复强调,但效果并不很好。这些学生为了能尽快完成任务而在交流中一遇到困难就不想再动手、动脑也就并不奇怪了。同时由于任务的完成需要一定的时间,所以对于学生学习和知识掌握情况的反馈也就相对较慢,造成课堂教学时间和教学进度很难把握。

3.1.2 案例1:CAD 截交线

案例选择思想:CAD 这门课程对动手操作能力要求较高,课程涉及需要空间想像能力去解决的三维问题较多。而平面与立体的截交线就是其中一节。平面可以与圆柱、圆锥、球等立体进行截交,但是要想知道截交后的截交面呈什么形状,那就要动手操作。如果教师单纯地在课堂上用理论讲,或者通过软件画图、演示给学生看,学生理解得不会太深入,而且掌握效率不高。这时运用任务驱动教学法给学生布置任务:平面与立体截交后的截交面是呈什么形状的面?通过完成任务,让学生动手操作、组内讨论、小组之间进行比较,让学生在动手操作任务中学会知识、掌握知识。

1. 创设情景、问题导入

教师行为	学生行为	设置意图
① 展示立体图截交线（图3-1）； ② 请大家回答下面的问题 截交线的形状有哪些？ ③ 引导学生回答	① 认真观察 ② 思考回答	在此过程中，教师通过引导学生观看视频回答，这样不仅复习了前面所学，而且联系实际引出曲面立体被各个方向截切后的形状特点，激发同学们的求知欲

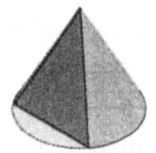  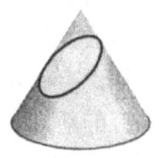  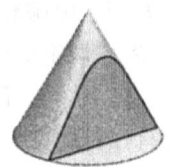

图3-1　截交线

2. 提出任务、诱发思考

教师行为	学生行为	设置意图
根据观察和引导，提出本课的学习任务：平面与圆柱、圆锥、球等多种曲面立体多方位截交的截面图形	① 形象再造 ② 思考回答 ③ 同学间讨论	将学习目标用任务的方式提出，从任务中带出相关的知识点和操作技能

3. 尝试练习、完成任务

教师行为	学生行为	设置意图
① 拿出辅助工具让学生观察。例如圆柱、圆锥、球模型 ② 可以拿一个圆锥实体进行截切给学生看 ③ 让学生边观察边思考	① 观察教师进行的实体模型操作并研究 ② 小组讨论、交换意见 ③ 动手操作、完成任务	用掌握的知识、范例为参考，尝试练习，找出方法或不足。提高学生的思考、动手能力

图3-2所示为各种立体图。

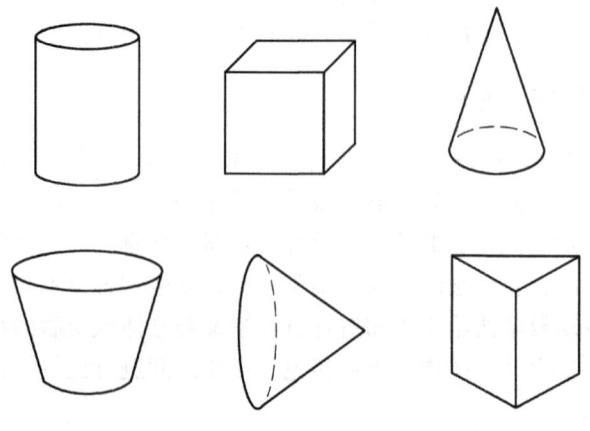

图3-2　各种立体图

4. 交流学习、自我提高

教师行为	学生行为	设置意图
① 引导学生说出自己思考到的情况及方法 ② 根据学生思考情况，引导学生动手操作平面与曲面立体截交的情况，并把截面形状画出来，如图3-3所示	① 叙述自己思考的情况 ② 叙述想怎样完成任务或哪些地方还没有做到 ③ 在教师的引导下，指出平面与立体的截面有哪些情况，并把形状画出来	通过尝试练习找出不足后，集中进行讲解，理解平面与各种曲面立体多方位截交后得到的不同截面形状，并在练习中逐步掌握

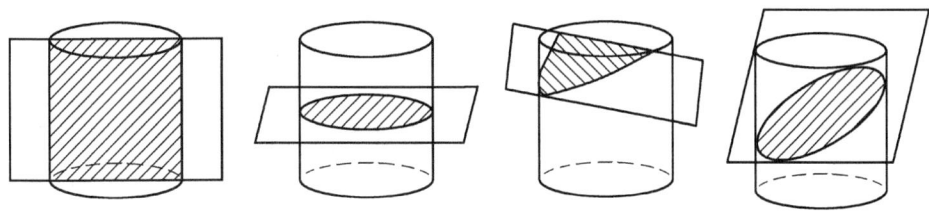

图3-3　圆柱（曲面立体）被截交后的各种情况

5. 评价小结、练习强化

教师行为	学生行为	设置意图
① 展示、收集学生作品 ② 评价、小结本课 ③ 再给出一些更加复杂的立体模型让学生去解决	① 交流、欣赏自己或他人的作品 ② 做出评价 ③ 根据教师总结的知识再解决复杂的立体模型	相互交流和学习，找出自己的不足之处，学习别人的长处，更好地提高自己。通过练习的强化使学习效率大大提高

应用拓展：任务驱动教学法在机械类中还可以用于零件的数控加工、机械设计中的三轴连杆的设计、互换性中的量规检测等。

3.1.3　案例2：常用用品的制造（筷子）

案例选择思想：筷子是日常生活中常见的用品，与生活息息相关，筷子古称"箸"，发源于中国，是中国、韩国、越南等地区普遍使用的餐具。在做饭、做菜、吃饭等方面都会使用筷子。筷子的形状各异，有圆头方尾、尖头粗尾，还有形状相对较扁的筷子等。材质有竹筷、木筷和金属筷。车工是金工实习中一个重要的实习内容，对学生的动手操作能力要求较高，需要学生具有识图和加工工艺的知识。本次课内容根据生活中常见的事物，结合卧式车床的加工，利用任务驱动教学法，让学生思考怎样利用卧式车床加工尖头粗尾的筷子。通过组内讨论，制订加工工艺，动手操作完成筷子的加工。

1. 创设情景、问题导入

教师行为	学生行为	设置意图
① 展示筷子发展历程视频 ② 请大家观看视频并回答下面的问题 a. 最初的筷子是怎样制作的呢 b. 各种各样形状的筷子有哪些加工方法 ③ 引导学生回答	① 认真观察 ② 思考回答	在此过程中，教师通过引导学生观看视频回答，这样不仅复习了前面所学，而且联系实际引出各种加工的方法和特点，激发同学们的求知欲

2. 提出任务、诱发思考

教师行为	学生行为	设置意图
根据观察和引导，提出本课的学习任务：如何利用卧式车床加工尖头粗尾的筷子	① 形象再造 ② 思考回答 ③ 同学间讨论	将学习目标用任务的方式提出，从任务中引出相关的知识点和操作技能

3. 尝试练习、完成任务

教师行为	学生行为	设置意图
① 拿出辅助工具让学生观察。例如筷子（包括木制、竹制和金属材料的）实体，如图3-4、图3-5所示 ② 可以看筷子的加工视频（筷子机） ③ 让学生边观察边思考	① 观察教师拿出来的筷子形状并研究其加工方法 ② 小组讨论、交换意见 ③ 动手操作、完成任务	用掌握的知识、范例为参考，尝试练习，找出方法或不足。提高学生的思考、动手能力

图3-4　木筷图

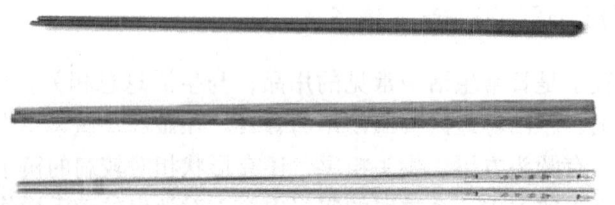

图3-5　不同材质的筷子

4. 交流学习、自我提高

教师行为	学生行为	设置意图
① 引导学生说出自己想法 ② 根据学生思考的情况，引导学生加工不同尺寸的筷子	① 叙述自己想法 ② 叙述想怎样完成任务或哪些地方还没有做到 ③ 在教师的引导下，加工不同尺寸的筷子	通过练习找出不足后，集中进行讲解，解决在加工过程中遇到的难题，并优化工艺步骤

5. 评价小结、练习强化

教师行为	学生行为	设置意图
① 展示、收集学生作品 ② 评价、小结本课 ③ 再给出一些更加复杂的生活中常见的实物，让学生分析加工方法	① 交流、欣赏自己或他人的作品 ② 做出评价 ③ 根据教师总结的知识再加工更复杂的实物	相互交流和学习，可检验自己存在的不足之处，学习别人的长处，更好地提高自己。通过强化练习，使得掌握知识的效率大大提高

3.1.4 案例3：二极管单向导电性

案例选择思想：电子技术基础这门课程涉及的电路、电路原理比较多，很多章节需要学生通过实验验证某一电路原理。例如二极管的单向导电性就是一个需要用实验来证明的特性。对于这样一个电路原理特性，如果教师单纯地讲解，或者通过PPT、动画的展示让学生观察，学生或许不懂到底为什么会有这样的现象。这时就需要运用任务驱动教学法给学生布置任务：为什么二极管有单向导电性？让学生到实验室自己动手连接电路，外加正向电压，灯泡状态会怎样？外加反向电压，灯泡状态会怎样？通过自己动手实验验证会记得更牢，而且会更形象地理解二极管的单向导电性。

1. 创设情景、问题导入

教师行为	学生行为	设置意图
① 详细介绍二极管的PN结，如图3-6所示 ② 介绍本节课实验要求，提供给学生一组一个开关、二极管、灯泡和电源电压，通过做实验向学生提问：把二极管正向与反向接在电路里，灯泡有什么不同的变化 ③ 引导学生回答	① 认真观察 ② 思考回答	在此过程中，教师通过引导学生回答，不仅复习了前面所学，而且联系实际引出二极管的单向导电性，激发同学们的求知欲

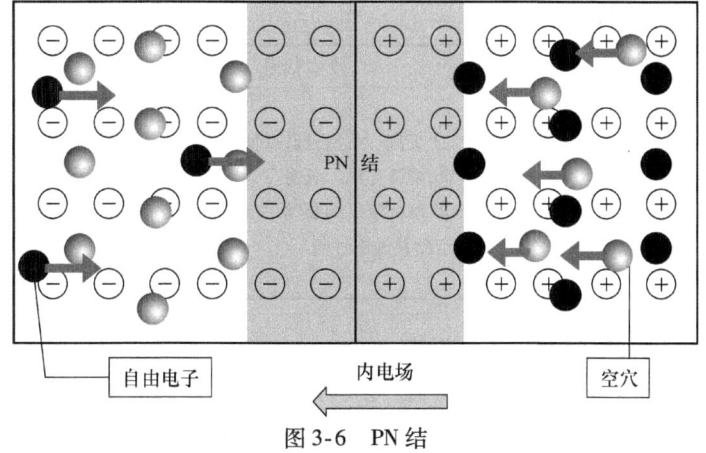

图3-6 PN结

2. 提出任务、诱发思考

教师行为	学生行为	设置意图
根据观察和引导，提出本课学习任务：二极管有什么特性	① 动手操作，认真观察实验结果 ② 思考回答 ③ 同学间讨论	将学习目标用任务的方式提出，从任务中引出相关的知识点和操作技能

3. 尝试练习、完成任务

教师行为	学生行为	设置意图
① 分发实验所需要用到的元器件，如图3-7所示 ② 让学生对所拿到的元器件进行识别，并说出用途 ③ 考虑到任务难度，可以先进行范例讲解	① 观察教师拿出来的元器件并研究 ② 动手操作，认真观察实验结果 ③ 小组内相互讨论、交流	用掌握的知识、范例为参考，尝试练习，找出方法或不足。提高学生的思考、动手能力

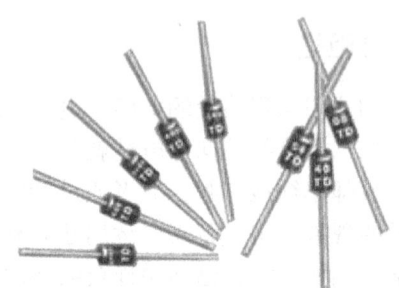

图 3-7　二极管

4. 交流学习、自我提高

教师行为	学生行为	设置意图
引导学生说出自己完成任务的情况及方法	① 叙述自己完成任务的情况 ② 叙述想怎样完成任务或哪些地方还没有做到 ③ 说出实验结果	通过练习找出不足后，集中进行讲解。理解二极管的单向导电性，并在实验中找到答案

5. 评价小结、练习强化

教师行为	学生行为	设置意图
① 展示、收集学生作品 ② 评价、小结本课	① 交流、欣赏自己或他人的作品 ② 继续完成"任务" ③ 每个学生都要动手实践一遍，互相帮助并做出评价	相互交流和学习，检查自己存在的不足之处，巩固练习，并在完成任务中学习知识、学会技能，体会成功的快乐

图 3-8 所示为二极管单向导电性实验图。

应用拓展：任务驱动教学法还可用于电气实训中的故障检测、电子技术基础中的反馈类型的判断（通过连接电路）、电工基础中的三相同步发电机原理的理解等。

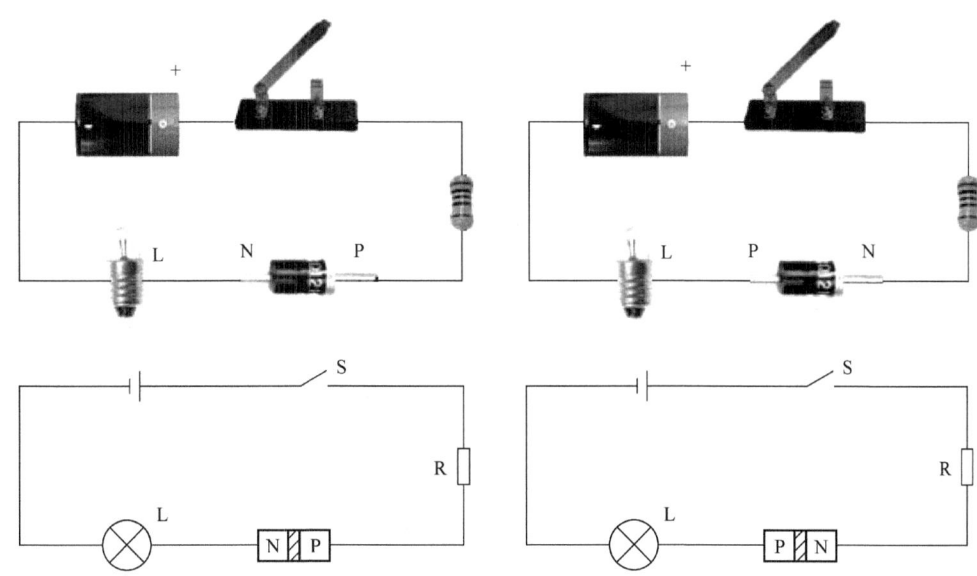

图 3-8 二极管单向导电性实验图

思考与练习

一、填空题

1. 任务驱动就是在学习的过程中，学生在教师的帮助下，紧紧围绕一个_____展开的活动。
2. 任务驱动教学法是从教学的角度提出来的，其目的是使学生通过用_____的方式学习。
3. 任务驱动教学法应具有_____，要使学习目标十分明确。
4. 教师对知识进行讲解、演示后，关键就是让学生_____。

二、选择题

1. 教学目标决定教学的方向，围绕这一方向设计教学目标，有利于教师的（　　）和学生的（　　），以确定当前所学知识的"主题"。
   A. 教；学　　　B. 学；学　　　C. 教；练　　　D. 教；受
2. 虽然任务驱动教学法突出了任务的目标性，但获取任务离不开学科的（　　）和（　　）。
   A. 创新知识；创新技能　　　B. 基础知识；基本技能
   C. 传统知识；传统技能　　　D. 固定知识；固定技能
3. 解决任务在于（　　）完成任务，让学生提出解决任务的方法和途径。
   A. 思考　　　B. 讨论　　　C. 角色扮演　　　D. 动手操作

三、判断题

1. 任务驱动教学活动方案中的任务设置、内容安排和探讨程序不需要具有科学性，只要能锻炼到学生就行。（　　）
2. 任务要有一定的针对性，教师应该针对学生的学习理解能力来选择或设计教学任务。（　　）

3. 任务驱动教学法实际上是以任务为中心，指导学生在完成任务中掌握知识，带动知识和技能发展的学与教方式。（　　）

4. 教师事先准备的资源应该能吸引学生，活跃课堂气氛，带动学生积极性。（　　）

四、简答题

在任务驱动教学法的实践过程中，包括的经验包有哪些？

3.2 案例教学法

应用情境：在教学过程中，经常会遇到与学习内容有关的典型案例，案例具有代表性和真实性。案例本身也涵盖了要学的知识点，在给学生讲解过程中，引入典型案例作为教学内容，把要学的知识通过案例的方式展示出来，既归纳了知识，同时又能激发学生的兴趣。

3.2.1 教学法理论

1. 概念

案例教学法（简称案例法）是围绕一定的培训目标把现实中真实情景加以典型化处理，从而形成供学生思考分析和决断的案例，通过学生独立分析研究和相互讨论的方式，来提高学生分析问题和解决问题能力的一种教学方法。

2. 起源

案例教学法起源于20世纪20年代，由美国哈佛商学院（Harvard Business School）所倡导，当时是采取一种很独特的案例式的教学，这些案例都是来自于商业管理的真实情境或事件，通过此种方式，有助于培养和发展学生主动参与课堂讨论。案例教学法到了1980年后，才受到师资培育的重视，尤其是1986年美国卡内基小组（Carnegie Task Force）提出《准备就绪的国家：二十一世纪的教师》（A Nation Prepared: Teachers for the 21st Century）的报告书中，特别推荐案例教学法在师资培育课程的价值，并将其视为一种相当有效的教学模式。我国教育界从1990年后开始探究案例教学法。

3. 特点

（1）目的性明确　通过一个或几个独特而又具有代表性的典型事件，让学生在案例的阅读、思考、分析、讨论中，建立起一套适合自己的完整而又严密的逻辑思维方法和思考方式，以提高学生分析问题、解决问题的能力，进而提高素质。

（2）客观真实性　案例所描述的事件基本上都是真实的，不加入编写者的评论和分析，案例的真实性决定了案例教学的真实性，学生可以根据自己所学的知识，得出自己的结论。

（3）较强的综合性　案例比一般的举例内涵丰富，此外，案例的分析、解决过程也较为复杂。学生不仅需要具备基本的理论知识，而且需要具有审时度势、权衡应变、果断决策的能力。

（4）深刻的启发性　案例教学不存在绝对正确的答案，目的在于启发学生独立自主地去思考、探索，注重培养学生独立思考能力，引导学生建立一套分析、解决问题的思维方式。

（5）突出的实践性　学生在校园内就能接触并学习到大量的社会实际问题，知识的运用是从理论到实践的转化。

4. 实施过程

图3-9所示为案例教学法实施过程。

（1）案例设计　案例设计是实施案例教学法

图3-9　案例教学法实施过程

的第一步。教师要根据具体的教学内容来设计案例、充分备课。设计案例时要注意以下几点。

1）案例必须典型。案例要能涵盖本节课的教学内容。

2）案例要具有实践性。要求设计的教学案例能结合实际并能让大多数学生理解。

3）案例要有一定的针对性。教师应针对学生的学习理解能力来选择或设计教学案例。

4）案例间的连贯性。力求教学过程中用到的大部分案例之间有一定的相互联系，前后连贯，并从易到难。

（2）案例分析　案例讨论在于分析问题，并让学生提出解决问题的方法和途径。对于同一个案例，允许学生提出各自不同的分析结果和解决方法。由于学生间的差异，可能存在有的学生的方法比较繁杂但易理解，而有的学生则可能发现较为简易的实现途径但难以理解等。在此过程中需要教师加以引导，滤除学生分析案例中次要的细节，发现案例与理论知识之间的内在联系。案例讨论的关键在于学生和教师齐努力，把案例中的内容与相应的若干理论知识加以联系。要达到这样的目标，关键要教师做好启发、引导的工作，想方设法给学生创造自由宽松的讨论氛围，让学生在案例讨论中真正地动起来，而教师只起引导作用，同时把握方向，以防离题。让学生综合运用所学知识独立、自由思考，相互间大胆地交流、研究。教师要创造民主、和谐、平等的课堂气氛，对学生的回答要及时加以鼓励和称赞，即使学生的回答不完全正确，也不急于进行评判，让他们自我进行反省和更正，使学生在没有压力和顾忌的情境下进行探索和思考。

（3）案例总结　学生讨论后，教师应该及时做出点评，并讲解本节教学中需要用到的理论知识和技能。在学生解决问题的时候，学生就可以按照课堂上讨论的方案来实现案例。这样有利于学生熟练掌握教学重点、难点，并能举一反三解决各种实际问题。

5. 教学法运用原则

（1）讲究真实、可信　案例是为教学目标服务的，因此它应该具有典型性，且应该与所对应的理论知识有直接的联系。而且它一定经过深入调查、研究，来源于实践，绝不可由教师主观臆测、虚构而作。尤其面对有实践经验的学生，一旦被他们发现是假的、虚构的，于是以假对假，把角色扮演变成角色游戏，那时锻炼能力就无从谈起了。案例一定要具备真实的细节，让学生犹如进入企业之中，确有身临其境之感。这样学生才能认真地对待案例中的人和事，认真地分析各种数据和错综复杂的案情，才有可能吸收知识、启迪智慧、训练能力。为此，教师一定要结合自身经历，深入实践，采集真实案例。

（2）讲究客观、生动　真实固然是前提，但案例不能是一堆事例、数据的罗列。教师要摆脱乏味教科书的编写方式，尽其可能调动文学手法，如采用场景描写、情节叙述、心理刻画、人物对白等，甚至可以加些议论、边议边叙，以加重气氛、提示细节。但是，这些议论不可暴露案例编写者的意图，更不能由议论而产生导引结论的效果。案例可随带附件，如该企业的有关规章制度、文件决议、合同摘要等，还可以有有关报表、台账、照片、曲线、资料、图样、当事人档案等一些与案例分析有关的图文资料。当然这里所说的生动，是在客观、真实基础上的，旨在引发学生的兴趣，应更多地体现形象和细节的具体描写。这与文学上的生动并非一回事，生动与具体要服从于教学的目的。

（3）讲究案例的多样化　案例应该只有情况没有结果，有激烈的矛盾冲突，没有处理办法和结论。后面未完成的部分，应该由学生去决策、处理，而且不同的办法会产生不同的结果。假设一眼便可望穿，或者，只有一好一坏两种结局，这样的案例就不会引起争论，学生也就会失去兴趣。从这个意义上讲，案例的结果越复杂、越多样性，就越有价值。

6. 教学法评价

（1）优点

1）能够实现教学相长。教学中，教师不仅是教师而且也是学生。一方面，教师是整个教学的主导者，掌握着教学进程，引导学生思考，组织讨论研究，进行总结、归纳；另一方面，在教学中通过共同研讨，不但可以发现自己的弱点，而且从学生那里可以了解到大量感性材料。

2）能够调动学生学习的主动性。教学中，由于不断变换教学形式，学生大脑兴奋点不断转移，注意力能够得到及时调节，有利于学生始终维持最佳精神状态。

3）生动具体、直观易学。真实性是案例教学的最大特点。由于教学内容是具体的实例，加上采用形象、直观、生动的形式，给人以身临其境之感，易于学习和理解。

4）能够集思广益。教师在课堂上不是"独唱"，而是和大家一起讨论、思考，学生在课堂上也不是忙于记笔记，而是共同探讨问题。由于调动的是集体的智慧和力量，容易开阔思路，收到良好的效果。

（2）缺点

1）案例的来源往往不能满足培训的需要。研究和编制一个较好的案例，至少需要两三个月的时间。同时，设计一个有效的案例需要技能和经验。因此，案例可能出现不适合现实需要的情况。这是阻碍案例法推广和普及的一个主要原因。

2）使用案例法需要较多的培训时间，对教师和学生的要求也比较高。

（3）运用中应注意的问题

1）案例讨论中尽量摒弃主观臆想的成分，教师要掌握会场，引导讨论方向，要十分注意培养能力。

2）案例教学耗时较多，因而案例选择要适当，组织案例教学要适度。

3）学生一般都具有课堂学习经验，不必担心案例的讨论无法进行，但案例教学一定要在理论学习的基础上进行，因此要求学生拥有坚实的知识基础。

3.2.2 案例1：回转体类零件加工工艺分析

案例选择思想：加工工艺分析这门课程理论性比较强，课程涉及知识面也比较广。而加工工艺分析与生产实践联系较为紧密，这就为案例教学法提供了可利用的资源和发展的空间。如果教师单纯在课堂上用理论讲，学生理解得不会太深，而且学习效率不高。这时运用案例教学法，在教学设计过程中，通过案例的引入，将学生分成若干小组，分别完成给定题目。通过完成实际案例的分析，让学生组内讨论，得到解决方案，小组之间进行比较，让学生在思考、讨论中学会知识、掌握知识。

1. 设计"案例"

某轴类零件数控加工工艺分析。

教师行为	学生行为	设置意图
① 播放实际生产加工视频 ② 展示图3-10所示某轴类零件图，并让学生分析该零件图后回答问题：假设你作为工艺设计人员，为某企业设计该零件的加工工艺，你会怎么做 ③ 引导学生回答	① 观看视频 ② 分析零件图 ③ 回答问题	在此过程中，教师引导学生根据所学的知识和经验，按照零件的工作过程进行分析。这样不仅复习了前面所学，而且联系企业生产实际，给学生提出了一个"流程规划"难题，激发同学们的求知欲

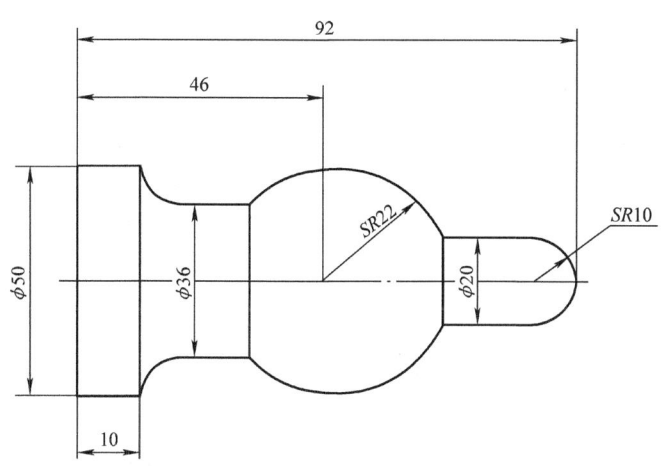

图 3-10 某轴类零件图

2. "案例"讨论
（1）零件图工艺分析

教师行为	学生行为	设置意图
引导学生进一步地分析零件图，确定应采取的工艺措施，并确定加工的顺序	① 思考讨论 ② 采取工艺措施 ③ 确定加工顺序	学生根据教师的要求，用自己掌握的知识，解决实际问题，培养、锻炼思考能力

（2）装夹方案

教师行为	学生行为	设置意图
引导学生确定毛坯的定位基准，并采取相应的装夹方式	① 讨论 ② 确定定位基准 ③ 确定装夹方式	循序渐进，慢慢引导学生进行进一步的学习，达到学以致用

（3）选择刀具、切削用量

教师行为	学生行为	设置意图
引导学生根据毛坯及加工顺序，选择相应的刀具，确定切削用量	① 讨论 ② 确定刀具 ③ 确定切削用量	利用掌握的知识，自主完成教师要求，培养学生的独立性

（4）制订加工工艺文件

教师行为	学生行为	设置意图
辅助学生完成加工工艺卡，制订加工工艺流程	① 讨论 ② 完成工艺卡	教师做相应辅助，师生共同分析、完成，提高学生参与课堂的积极性

3. "案例"总结
（1）教学反馈、课堂小结

教师行为	学生行为	设置意图
① 学生分析、讨论完成后所做出的成果，教师应当及时给予总结和评价，既要总结学生正确的观点，也要对不合理的方案予以纠正和说明 ② 结合案例给予总体评价 ③ 指出本节课应掌握的重点内容：运用所学知识合理规划零件工艺流程，要求学生灵活运用知识解决实际问题	① 根据教师点评，做好记录，分析自身方案不足之处并改进 ② 回顾本节课学习内容，把握重点、难点	在教师的引导下，通过视频与自身方案的对比，讨论、总结、归纳自身方案可取及不足之处。总结所学知识，掌握本节重点内容，提高归纳、总结的能力

（2）联系实际、拓展提高

教师行为	学生行为	设置意图
联系企业实际生产的工作过程，播放实际生产录像，鼓励学生多利用课外和假期的时间深入企业锻炼，引入更深层次的探索	观看	讨论本节课在企业实际生产中的重要性，激发学生学习兴趣，拓展知识

应用拓展：案例教学法可用于类似这样的与生产生活实际密切相关的机械类课程中，如平面铣削工艺分析、工件热处理分析等。运用实际案例可以帮助学生更好地理解、掌握知识。

查看相关教学法案例请扫描下方的二维码：

3.2.3 案例2：PLC控制交通灯

案例选择思想：PLC（可编程逻辑控制器）相关的课程涉及的PLC芯片原理比较多，很多章节需要学生通过实验验证某一电路原理。例如PLC控制交通灯就是一个需要用实验来证明的特性。如果对于这样一个实操性较强的课程，只是教师单纯地讲解，或者通过PPT、动画的展示让学生观察，学生或许不能很好地理解、掌握知识。这时就可以运用案例教学法，通过引入实际案例，学生学习的求知欲会被更好地激发。同时，通过讨论与实践，学生自己亲自动手设计程序，经过自己动手编译，知识点会记得更牢，而且会更形象地理解PLC的原理。

1. 设计"案例"

模拟交通灯控制系统。

第 3 章 实践教学法

教师行为	学生行为	设置意图
① 展示图 3-11 所示交通灯情境 ② 请大家观察仿真实验回答下面的问题 a. 选用的定时器 T0、T1、T2 的定时范围是多少 b. FX2N 系列 PLC 给用户提供多少个定时器 c. 实际的交通灯通常有闪烁时段,如何实现 ③ 引导学生回答	① 观察 ② 回答	在此过程中,教师引导学生回答,这样不仅复习了前面所学,而且联系实际引出交通灯的工作特点,给学生提出了一个"闪烁"难题,激发同学们的求知欲

图 3-11　交通灯情境

2. "案例"讨论

教师行为	学生行为	设置意图
① 引出闪烁电路概念:闪烁电路实际上是一个具有正反馈的振荡电路,使用两个定时器的输出信号,通过它们的触点分别控制对方的线圈,形成了正反馈 ② 要求学生分组,按照时序图自己设计程序。程序设计要求:设计东西方向交通信号的程序,系统工作后,首先绿灯(Y3)亮 25s,到 25s 时,绿灯闪烁 3s(闪烁的频率 1Hz)后熄灭,绿灯熄灭时,黄灯(Y4)亮并维持 2s,到 2s 时,黄灯熄灭,红灯(Y5)亮 30s。至此,完成一个周期,如此循环 ③ 教师分析程序要求,以小组为单位,按照下面的"步骤与内容"合作完成任务,将过程分别记载在任务书上	① 分组 ② 根据任务要求,完成程序设计	学生根据教师的要求,以小组为单位设计定时器构成的闪烁电路,提高同学们灵活使用定时器的能力。邀请学生展示个性程序仿真、调试直到成功,教师做相应辅助,师生共同分析、完成,提高学生参与课堂的积极性

步骤与内容如下。
(1) 绘制图形　按要求绘制 I/O 接线图并编写梯形图，填写在学生任务书中。
(2) 安装电路
1) 对照绘制的接线图进行配线、安装。
2) 自检。
① 检查布线。对照接线图检查是否掉线、错线、漏接、错接，插接线是否牢固等。
② 通电观察 PLC 的指示灯 LED（发光二极管）。经自检，确认电路正确且无安全隐患后，通电观察 PLC 的指示灯 LED 是否正常。
(3) 输入梯形图
(4) 通电调试、监控系统
1) 连接计算机与 PLC。
2) 写入程序。
① 接通系统电源，将 PLC 的 RUN/STOP 开关拨至"STOP"位置。
② 进行端口设置后，将程序写入 PLC。
3) 调试系统。将 PLC 的 RUN/STOP 开关拨至"RUN"位置，按照任务书操作，观察系统的运行情况并做好记录。如果出现故障，应立即切断电源、分析原因、检查电路或梯形图后重新调试，直至系统实现功能。
(5) 操作要点
1) 利用定时器构建闪烁电路。
2) 建立"关键"时间点，用时间点驱动输出，使梯形图变得清晰、可读。
3) 任务应在规定时间内完成，同时做到安全操作和文明生产。

3. "案例"总结
(1) 教学反馈、课堂小结

教师行为	学生行为	设置意图
① 点评学生的程序，要求学生做好记录 ② 要求学生通过对前面定时器知识的学习，分析、调试闪烁电路，从而掌握定时器的拓展应用 ③ 指出本节课应掌握的重点内容：能读懂、分析程序要求，画出接线图，写出符合控制要求的程序，并进行调试运行 ④ 带领学生认真总结任务实施过程中的问题，填写反馈表	① 根据教师点评，做好记录 ② 回顾本节课学习的内容，把握重点、难点 ③ 总结并填写反馈表	在教师的引导下，讨论、总结、归纳所学知识，掌握本节重点内容，提高归纳、总结的能力，同时开放性的反馈表能充分发挥学生的个性

(2) 联系实际、拓展提高

教师行为	学生行为	设置意图
① 联系生活实际，提出问题：在一般的十字路口东西、南北方向都有红、黄、绿三个信号灯。怎样对交通实现自动控制 ② 引导学生思考：分析程序要求，画出硬件接线图，列出对应的 I/O 编号的分配表，进行程序的编制	① 思考 ② 解决问题	分析本节课交通灯依然不能满足实际要求的情况，引出十字路口东西、南北两个方向的交通灯控制要求，提出拓展问题，引出后续学习内容

应用拓展：案例教学法可用于类似这样的与生产生活实际密切相关的电类课程中，如 LED 彩灯的控制、单片机控制自动寻迹小车等。运用鲜活、熟悉的例子，可更好地激发学生的求知欲，帮助学生更好地理解、掌握知识。

思考与练习

一、填空题

1. 案例教学法是围绕一定的培训目标把现实中真实情景加以典型化处理，从而形成供学生思考、分析和决断的案例，通过学生_____和_____的方式，来提高学生分析问题和解决问题能力的一种教学方法。

2. 案例教学法实施过程有_____、_____和_____三个阶段。

二、判断题

1. 案例教学耗时较少，因而案例选择不需要很适当。　　　　　　　　　　　（　　）

2. 案例所描述的事件基本上都是真实的，不加入编写者的评论和分析，案例的真实性决定了案例教学的真实性，学生可以根据自己所学的知识，得出自己的结论。　（　　）

三、简答题

简述案例教学法在应用中要注意的问题。

3.3　模拟教学法

应用情境：许多知识点在讲解时，学生除了听课以外，还需进行实践操作，如在钳工实训中锉削的正确姿势、在工件检测中游标卡尺的用法等。模拟教学法就是根据实践内容，设置仿真工作场景，让学生模拟完成职业岗位内容，这种教学方法能更熟练地掌握所学技能。

3.3.1　教学法理论

1. 概念

模拟教学法（简称模拟法）就是指结合专业背景与行业特色，给学生创设直观的、模拟仿真的工作场景，并按实际的工作内容设计好课题，让学生模拟职业岗位角色，根据实际工作的操作程序和方式方法具体做事，使学生在模拟操作过程中，学习、巩固专业知识，培养职业技能素质。

2. 分类

（1）从模拟的程度来分　模拟教学可分为全部模拟和局部模拟。全部模拟教学是对一个实习课题全过程模拟的替代；局部模拟教学是对实习课题中的一部分（一个工序、工序中的一部分或一个动作）的替代。当然，全部模拟和局部模拟是相对而言的，一般来说，较完整地模拟生产实践中完成某项任务的全过程，就可以认定为全部模拟。

（2）从替代物的不同来分　模拟教学可分为设备模拟、过程模拟和材料模拟。

1）设备模拟是对实习设备的替代，解决实习设备问题是职业学校实习教学中的难点，在缺乏真实设备、真实设备价格昂贵或危险性高时，可采用模拟设备代替真实设备。例如利用模拟汽车驾驶操作系统替代真实汽车，使学生熟悉驾驶环境，初步掌握基本操作技能，如图3-12

所示。

图 3-12　模拟汽车驾驶操作系统

2）过程模拟是实习活动过程的替代，有些操作技能受多种因素的限制，学生不能在真实岗位上完成操作过程，就安排在模拟实验室中进行练习。

3）材料模拟是实习材料的替代，实习过程需要消耗一定的材料，一些学校受资金、设备等条件的限制，常采用其他材料替代真实材料。例如铸造专业以泥代替砂，数控加工实践以尼龙棒代替金属棒（图 3-13）等。

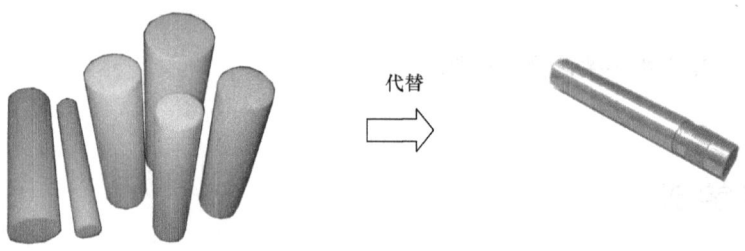

图 3-13　尼龙棒代替金属棒

（3）从模拟效果与真实训练的差别程度来分　有仿真模拟和近似模拟。仿真模拟仿真度极高，学生可以得到近乎真实的岗位训练；而近似模拟的模拟实习效果与真实训练区别较明显。

3. 特点

（1）游戏性　模拟教学法由"模拟游戏"延伸得到，故具有游戏性。模拟，指的是为达到一定的教学目标，按照一定的规则，把游戏的比赛特性与模拟的现实生活情境结合起来的一种教学活动。在模拟教学中，教师是导演、是推动者，其角色定位在于引导模拟教学全过程；学生是主演，学生以一种主体参与的姿态进行具体的情景模拟、案例操作，完成从旁观者到主演者的角色转换。

（2）假设性　模拟教学法，让学生在设想的各种各样的情境中去感受复杂事物，逐渐把学习内容迁移、结合并应用到现实生活中。设想现实生活和工作中的情境、角色是模拟的本质，其具有假设性。

（3）实效性　模拟教学法用模拟游戏教给学生解决问题和做出决定的各种知识和技能，并影响到学生的态度和价值观，具有实时完成教学任务、实际提高学生技能的教学效果。

4. 实施过程

图 3-14 所示为模拟教学法实施过程。

（1）模拟项目设定　前期准备是保证模拟教学法实施效果的关键，其包括两个部分：教

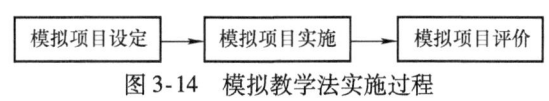

图 3-14 模拟教学法实施过程

师的准备和学生的准备。

1）教师的准备。

① 确定教学内容适合采用模拟教学。应从培养目标、教学内容特点、学生状况和学校实际出发综合考虑。

② 本身的知识准备。包括对知识点的充分理解，以及对与知识点相关行业的职能的了解。教师不仅仅要熟悉知识，还要查阅资料，明确这个知识点在市场上有哪些应用，有哪一类工作人员主要依靠这个知识点来完成他们的工作，他们的工作职能、流程等，同时思考学生模拟这个职业是否可以完成知识点的学习，完成教学任务。在这个过程中，一个初步的项目就能有雏形了。

③ 有针对性地选择或设计合适的项目。应根据教学目标和对职业岗位专业技能的分析选择项目，项目是否合适直接影响了模拟教学法的成败。模拟项目的设计要点包括模拟的项目应适合教学内容，可以完成教学目标，吸引学生兴趣、吸引学生主动参与，可操作性强。

④ 教学环境准备及材料准备。教学环境应该尽量模拟真实的工作环境，让学生更容易融入角色，但如果受客观因素的限制，可以降低要求。

⑤ 制订模拟教学方案。方案应包括整个教学过程可能出现的问题的预测及其解决方案以及教学评价方法。

2）学生的准备。包括预习课本知识、阅读模拟资料和学习相关理论，这样在课堂上才能广开思路、积极发言，使模拟教学法真正达到效果。所以，教师应在实施前告知学生相关的事项。

（2）模拟项目实施　教师应从生产实际出发，确定模拟教学的程序，尽量做到和真实生产过程一致。从设想到变为现实的过程中，可能出现许多难以预料的问题，教师应在保证完成教学任务和学生安全的前提下，充分调动学生的主观能动性，鼓励学生发表自己的看法。引导学生自由组合，分组实际操作，要求学生在团队中分工合作、集思广益，每完成一个阶段任务就让学生相互检查，发现的问题自己解决，教师仅给予协助并指出尚未发现的错误。模拟教学法过程常见问题及其解决方案见表3-1。

表 3-1　模拟教学法过程常见问题及其解决方案

序号	常见问题	解决方案
①	学生因缺少经验、缺乏知识，无从入手	教师可以起到引导的作用，耐心地讲解和辅导，必要时可以再做演示，由浅入深进行示范，鼓励学生再次尝试，不轻言放弃。也可以采用同学之间互助的方式，请已经基本完成任务的同学帮助还未完成的同学，以相互学习
②	学生只顾研究新鲜的事物，无心学习理论知识	可以在模拟操作的过程中加入适当的提问，在启发学生的同时，起到监督学习的作用，也可以让教师参与其中
③	模拟过程效果一般，学生兴致不高	可以向学生讲述社会工作中，工作人员是如何完成这项工作的，这份工作的意义是什么，以加深学生对这项模拟的认识，并使其意识到社会工作需要有责任心和坚持的态度

（3）模拟项目评价　模拟教学结束之后，教师应指导学生进行自评、互评，对各组模拟操作实施情况进行总结，评价各组实施方案的优劣，找出与岗位要求的差距等。

5. 教学法评价

（1）优点　富于挑战性的模拟教学促使学生从客体变为主体、从被动变为主动，充分挖掘了学生的潜能,大大提高了学生的综合素质与职业技能。通过职业模拟训练,学生既可以把所学专业知识转化为实际运用的能力,培养一定的职业技能、技巧,还能使学生在模拟操作过程中逐步适应职业岗位的要求,不断调整自己的知识结构,锻炼职业能力,为将来走向社会、走向成功打下良好的基础。更重要的是,实践的过程也是创新的过程。学生运用知识来解决各种实际问题,但这种运用不是理论知识的简单重复,而要经过大脑加以消化、综合分析、加工处理后才能运用。这就需要学生通过创造性思维对实际问题进行抽象处理,然后再回到实际中去,使认识发生质的飞跃,从而达到思维训练、能力培养与素质提升的目的。

学生不断提高的素质、更加活跃的思维对教师提出了更高、更新的要求。教师应具有扎实的理论功底和丰富的实践经验,具有较强的组织能力、应变能力和语言表达能力。这也是促进教师自我完善的重要动力,可督促教师更加努力地学习、更加周密地思考、更加细心地备课,以使模拟指导更加有效。

(2) 不足之处

1) 使用模拟教学法,需要占用大量的课堂时间,容易影响教学的课程进度。

2) 对突发事件的处理没有统一的答案,不容易让学生抓住学习重点,而在传统观念的影响下,教师设计的问题又过于死板,不利于学生的发散思维。

3) 模拟教学涉及的知识面较广,实操性较强,因此,对教师的理论知识水平、实际操作经验和问题处理能力要求很高。

4) 模拟教学给学生充分的自主发挥空间,这就对教师的课前预见和驾驭课堂教学方面带来了一定的难度。

5) 模拟教学中缺乏足够的、高质量的、供模拟的案例情境,现有的案例也远未能涵盖教学大纲要求和工作所需要的知识面。

(3) 运用中应注意的问题

1) 教师应从实际出发,因时、因地、因人的不同,根据教学实际需要自主地整合教学内容,甚至可以放弃现有教材而自编教材,以保证教学时间充裕。

2) 模拟教学中的提问,并不是为学生提供标准答案,而是为了找出当时情形下的适当解决办法。事实上,在现实中遇到的问题,没有唯一的解决方法和标准结论,往往是因时、因地、因事、而有所选择。重要的是让学生掌握基本技能,懂得判断和发挥。在设计时,情境的创设既要符合学生的身心特点,让学生有兴趣参与其中,又要落实课堂目标,并使两者有机统一起来,使学生通过情境探究活动,既激"兴趣",更增"知识"、强"技能"。

3) 教师应树立起终身学习的观念,不断学习、提高,更新自己的知识,拓宽知识视野,由经验型教师向学者型教师转变,这样既能胜任新时代下的教学工作,又能提高自己的能力。

4) 教学过程应发挥教师的导引作用,师生共同参与和巧用提问。

5) 通过多种形式,建立模拟案例库,组织资深的专业教师和行业专家,由管理部门、教学院校、经营企业相结合,从政策导向、管理规范、理论研究、知识教育、实践演练、经验积累等多方面、多层次、多角度收集和编审案例,提高案例的权威性、通用性和质量水平,适应不同层次、专业门类和知识水平的教学培训需要。在实施时,可以通过多方位搜索资料和自主创新来设计适合的模拟项目。

3.3.2 案例1:机械零件的精度

案例选择思想:机械零件的精度这一知识点是中职机电、数控、模具等专业的学生必学的知识点,通过学习,学生应分清轴、孔的各种尺寸、极限偏差、公差的含义,明白合格产品应包括什么条件、要求。对于这种枯燥而繁杂的知识点，传统的教学模式只会让学生昏昏欲睡，且模拟需要的材料、场景都不难满足。采用模拟教学法，让学生模拟市场上负责检测产品质量的相关人员——质量检测员，自己动手得到知识和答案，会让学生更加容易接受知识，同时提高学生的职业性。

1. 模拟项目的设定

设定学生为某公司的质量检测员，负责公司最近一批生产的压力轴（图3-15）的质量检测，给出图样，其尺寸要求为$\phi 30f7$，要求填写压力轴验收单（表3-2）。所需材料：至少四套$\phi 30f7$的轴（可以采用学生参加卧式车床实习时加工出来的零件）、四张图样、四把游标卡尺（图3-16）、每人各一张验收单、笔。

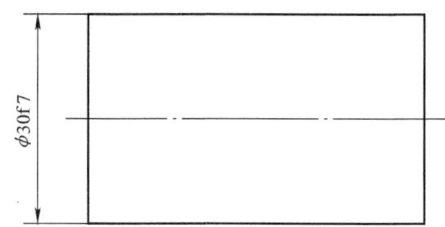

图3-15 压力轴

图3-16 游标卡尺

表3-2 压力轴验收单

零件编号：					
公称尺寸/mm	实际尺寸/mm	实际偏差/mm	上极限偏差/mm	下极限偏差/mm	上极限尺寸/mm
下极限尺寸/mm	基本偏差/mm	公差/mm	是否合格	质量检测员签名	质量检测组长签名

教师行为	学生行为	设置意图
① 分析教学内容及目标，设定模拟项目 ② 准备相关材料，书写教案 ③ 课前告知学生下节课将采用模拟教学法讲授，并大致介绍模拟教学法及下节课的大概流程，要求学生预习下节课内容，并尝试了解质量检测员这一职业的主要职能和工作流程，并把学生分成四组，要求学生课后选出组长 ④ 准备上课，将桌椅围成四个方框，同组成员围坐在一起，要求组长自觉到讲台领取材料（一套$\phi 30f7$的轴、一张图样、一把游标卡尺、适量的验收单） ⑤ 强调自己企业培训师身份和学生质量检测员的身份，尽量逼真，让学生融入角色	① 预习 ② 分组，选出组长 ③ 调好座位，组长领取材料 ④ 认真听讲	对于这种枯燥而繁杂的知识点，传统的教学模式只会让学生昏昏欲睡，采用模拟教学法，让学生模拟成质量检测员，自己动手得到知识和答案，会让学生更加容易接受知识，同时提高学生的职业性。师生明确教学内容、方法、流程，为正式开展模拟教学做好充分的准备

2. 模拟项目的实施
（1）教师以企业培训师的身份示范检验过程

教师行为	学生行为	设置意图
① 展示图样，说明 φ30mm 为公称尺寸并提问公称尺寸的概念 ② 用游标卡尺测量轴，说明测出的 φ29.98mm 为实际尺寸并提问实际尺寸的概念 ③ 要求学生计算公称尺寸与实际尺寸的差，并说明得出的差就是实际偏差，29.98mm - 30mm = -0.02mm，实际偏差 = 实际尺寸 - 公称尺寸 ④ 此时仍没能判断是否合格，回头查看图样，并提问：标注"φ30f7"中，f 代表什么，7 又代表什么引出书本的偏差表，查出"φ30f7"对应的上、下限偏差（表 3-3） ⑤ 指出实际偏差 -0.02mm = -20μm，在偏差允许范围内，产品合格 ⑥ 指出每根轴都测出实际尺寸、计算出实际偏差实际是很费时的。引入通过上、下极限偏差可以计算出上、下极限尺寸。板书：上极限偏差 = 上极限尺寸 - 公称尺寸，下极限偏差 = 下极限尺寸 - 公称尺寸，并要求学生计算上、下极限尺寸 ⑦ 引入公差、基本偏差概念并提问 　a. 有多少个公差等级 　b. 公差等级是否越高越好 　c. "φ30f7"中，f 代表什么 ⑧ 填写验收单	① 观察 ② 回答 ③ 计算 ④ 记录	在此过程中，教师示范、展示检验的整个过程，并通过引导学生回答、计算，联系实际引出公称尺寸、实际尺寸等概念，激发同学们的求知欲，为同学自己动手解决问题奠定理论基础

表 3-3　φ30f7 的上、下极限偏差　　　　　　　　（单位：mm）

公称尺寸		f				
大于	至	5	6	7	8	9
18	24	-20 -29	-20 -33	-20 -41	-20 -53	-20 -72
24	30					

（2）学生检测零件

教师行为	学生行为	设置意图
① 教师起辅导作用，并抽查同学问题 ② 公称尺寸是多少 ③ 上极限尺寸是什么，应该怎么计算等	① 学生检测零件 ② 记录数据并回答问题 ③ 填写验收单并计算	学生自行测量、计算，完成检测工作，可激发同学们的兴趣，提高学生的动手能力、职业能力

3. 模拟项目评价

教师行为	学生行为	设置意图
① 给出正确的解答 ② 评价学生的表现，并总结本次模拟 ③ 检查验收单并给出分数，评价教学效果	① 汇报结果 ② 分享心得体会 ③ 开小组工作会，基本完成检测后，将验收单展示给组员看，相互讨论、纠错、核定，判断产品是否合格，组长核定、签名 ④ 上交验收单	总结、评价整个模拟过程，纠正错误、巩固知识，增强学生的自信心、职业意识，提高学生的表达、总结能力

应用拓展：模拟教学法的关键在于模拟项目的设定，所以只要是能够设定独立的项目，并能通过学生模拟一个工作岗位来学习相关的知识，都可以采用该种教学法。例如，机械零件的

第 3 章 实践教学法

精度可以联系到市场上的质量检测员，卧式车床或数控铣床等可以联系到工厂的操作工，这时采用模拟教学法可以更好地提升学生的职业能力。

3.3.3 案例2：万用表的使用

案例选择思想：万用表的使用是中职机电、电气等专业的学生必学的知识点，通过学习，学生应学会使用万用表。单纯学习一种仪器的使用，空谈只会让学生昏昏欲睡，采用模拟教学法，让学生模拟成一线操作工，主要负责各种电子产品与设备的装配、调试、检测、应用及维修技术工作，会让学生更加容易接受知识，同时提高学生的职业能力。

1. 模拟项目的设定

设定学生为某公司的一线操作工，主要负责公司最近生产的数字万用表的装配、调试、检测，其质量要求测量 1000Ω 的电阻，测量 100mA 的直流电流，相对误差小于 2%（相对误差等于最大绝对误差除以测量电压再乘以百分之百），要求填写数字万用表验收单（表3-4）。所需材料：至少四个数字万用表和检测工作台（图3-17）、每人各一张验收单、笔。

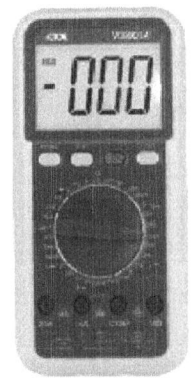
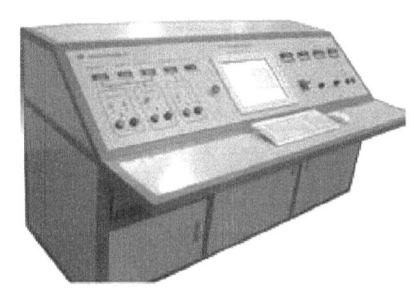

图 3-17　数字万用表和检测工作台

表 3-4　数字万用表验收单

数字万用表编号：

测量电阻原值/Ω	测量值/Ω	要求相对误差	相对误差	是否符合要求
		≤2%		
测量电流原值/mA	测量值/mA	要求相对误差	相对误差	是否符合要求
		≤2%		
是否合格	一线操作工签名		组长签名	

教师行为	学生行为	设置意图
① 分析教学内容及目标，设定模拟项目 ② 准备相关材料，书写教案 ③ 课前告知学生本节课将采用模拟教学法讲授，并大致介绍模拟教学法及下节课的大概流程，要求学生预习本节课内容，并尝试了解一线操作工（检测方向）这一职业的主要职能和工作流程，并把学生分成四组，要求学生课后选出组长 ④ 准备上课，同组成员围坐在一组检测工作台边，要求组长自觉到讲台领取材料（1个数字万用表，每人一张验收单） ⑤ 强调自己企业培训师身份和学生一线操作工的身份，尽量逼真，让学生融入角色	① 预习 ② 分组，选出组长 ③ 调好座位，组长领取材料 ④ 认真听讲	① 学习一种仪器的使用，空谈只会让学生昏昏欲睡，采用模拟教学法，让学生模拟成一线操作工，自己动手学习，会让学生更加容易接受知识，同时提高学生的职业能力 ② 师生明确教学内容、方法、流程，为正式开展模拟教学做好充分的准备

2. 模拟项目的实施
(1) 教师以企业培训师的身份示范检验过程

教师行为	学生行为	设置意图
① 展示数字万用表，介绍其基本构造，讲解基本按钮、插孔（表3-5） ② 示范如何使用数字万用表测量电阻：开关拨至"Ω"的合适量程，红表笔插入"V/Ω"孔，黑表笔插入"COM"孔，读数（采用检测工作台上的100Ω的电阻，并讲解如何计算相对误差） ③ 示范如何使用数字万用表测量电流：选择量程→与被测电路串联→读数（在100Ω的电阻上施加10V电压，调出100mA电流） ④ 填写验收单	① 观察 ② 回答 ③ 计算 ④ 记录	在此过程中，教师亲身地示范，展示了检验的整个过程，并通过引导学生回答、计算，详细说明了数字万用表的使用方法，激发同学们的求知欲，为同学自己动手解决问题奠定了理论基础

表 3-5　数字万用表基本按钮、插孔

常用按键			
数字万用表按键	按键含义	数字万用表按键	按键含义
power	电源开关	HOLD	锁屏按键
B/L	背光灯	V – 或 DCV	直流电压档
V ~ 或 ACV	交流电压档	A – 或 DCA	直流电流档
A ~ 或 ACA	交流电流档	Ω	电阻档
四个插孔			
插孔	插孔含义	插孔	插孔含义
VΩ	测量直流电压、交流电压、电阻、电容、二极管、晶体管正极	COM	负极
mA	测 mA 级别的电流或 μA 级电流的正极	10A 或 20A	高于 mA 级别的电流正极

(2) 学生检测零件

教师行为	学生行为	设置意图
① 教师起辅导作用，并抽查同学问题 ② 提问 COM 孔代表什么 ③ 提问测出的电流是多少，应该串联还是并联等	① 学生检测零件 ② 记录数据并回答问题 ③ 填写验收单并计算	学生自行测量、计算，完成检测工作，激发同学们的兴趣，提高学生的动手能力、职业能力

3. 模拟项目评价

教师行为	学生行为	设置意图
① 给出正确的解答 ② 评价学生的表现，并总结本次模拟 ③ 检查验收单并给出分数，并通过期末等测试分析、评价教学效果	① 汇报结果 ② 分享心得体会 ③ 开工作会议，基本完成检测后，将验收单展示给组员看，相互讨论、纠错、核定，判断产品是否合格，组长核定签名 ④ 上交验收单	总结、评价整个模拟过程，纠正错误、巩固知识，增强学生的自信心、职业意识，提高学生的表达、总结能力

应用拓展：电类涉及的职业比较多，如各类元件的生产操作工、质量检测员等，除了理论性极强的相关知识，如电流、电功率的计算等，电类许多知识都可以采用模拟教学法。

查看相关教学法案例请扫描下方的二维码：

思考与练习

一、填空题

1. 按照替代物的不同来分类，模拟教学可以分为_____、_____及材料模拟。
2. 模拟教学法的主要特点有游戏性、_____、_____、_____及迁移性。
3. 模拟教学法的实施过程包括_____、_____，最后模拟项目评价。

二、选择题

1. （   ）不属于模拟教学法的不足之处。
   A. 占用课堂时间　　B. 对老师要求高　　C. 缺乏模拟案例　　D. 老师为主体
2. （   ）对于模拟教学法描述错误。
   A. 需结合专业背景和行业特色　　B. 学生模拟职业岗位角色
   C. 一定要到企业上课　　D. 可以培养学生的职业技能素质
3. 运用模拟教学法时，应注意的问题不包括（   ）。
   A. 师生共同参与和巧用提问　　B. 模拟教学中的提问为学生提供标准答案
   C. 教师应从实际出发处理好教材　　D. 设计适合的模拟项目

三、判断题

1. 模拟教学法在教学过程中以教师为主体。（   ）
2. 模拟教学法按照模拟效果和真实的差别程度分为全部模拟和局部模拟。（   ）
3. 模拟教学法是促进教师自我完善的重要动力，督促教师更加努力地学习、更加周密地思考、更加细心地备课。（   ）

四、简答题

1. 简述模拟教学法的步骤。

2. 简述模拟教学法的优、缺点。

3. 使用模拟教学法应注意哪些问题？

3.4　现场教学法

应用情境：在教学过程中，为了加深学生对知识的理解、运用以及对行业的了解，经常要到企业或实训基地（简称基地）参观、学习。此外有些教学内容，如工业机器人企业应用、大型机械的传动、加工制造流水线等，学生很难想象其实际情况。这些情况可以运用现场教学法，使学生身临其境，达到更好的学习效果。

3.4.1 教学法理论

1. 概念

所谓现场教学法（简称现场法）就是教师和学生同时深入现场，通过对现场事实的调查、分析和研究，提出解决问题的办法，或者总结出可供借鉴的经验，从事实材料中提炼出新观点，从而提高学生运用理论认识问题、研究问题和解决问题的能力。现场教学法通过现场察看、现场介绍、现场问答、现场讨论和现场点评等教学环节实现教学。简单地说，现场教学法就是教师利用现场教，学生利用现场学，核心是利用现场教学资源为实现教学目的服务。

2. 起源

据调查，20世纪初开始有现场教学的概念。现场教学最早始于医学院学生的生理解剖和临床教学，后来有地质矿冶学院在教学实践中开展现场教学。在教育界，有些专家把在实地举行的军队官兵训练、体育运动教学训练、商贸业务员的现场推销训练等也视为现场教学。

3. 特点

（1）现场成为课堂　通过现场教学让教师和学生走出校门，以现场作为教学的场所，投身其中，亲临其境，接触现场的人，观看现场的物，考察现场的事，研究现场的理，能起到"百闻不如一见"的作用。让学生走进社会实践的前沿，改变以往课堂教学远离实际的状况，显著提高教学的直观性。

（2）事实成为教材　现场教学的教学材料取自现场，观看现场事实、听取现场介绍、进行现场交流，运用的都是现场事实材料。这些存在于第一线的最鲜活的材料，都是当今社会最值得关注的重点、热点和难点问题。研究这些问题，对学生的工作最有启发和指导意义。

（3）实践者成为教师　现场教学把学生带回实践之中，让事件或事实的当事者现身说法，介绍事实真相，介绍事件经过，介绍实际结果，介绍工作思路、经验和体会，实践者的亲自讲解比教师在课堂上传播要真切得多、具体得多、可信得多。从而，大大提高了教学的有效性。

（4）学生成为主体　现场教学克服了灌输式教学的缺陷，把学生带到现场，让学生自己看、自己听、自己问、自己想、自己得出结论，依靠学生自己的亲身感受和体会来获取知识、掌握真理。这样的教学过程充分发挥了学生的自主性和能动性。

（5）教师成为主导　在现场教学中，教师所起的是组织者和指导者的作用，着重把握教学的主旨和进程，使教学效果有基本的保证。在教师的组织下，学生实现了听与看的结合、学与想的结合、教与研的结合、动与静的结合。学生考察他人的实践，既有深切感，又有超然感，能不带框框、自由思考，能有效培养、锻炼和增强学生分析问题和解决问题的能力。同时，也提高了教学的生动性。

4. 实施过程

图3-18所示为现场教学法实施过程。

（1）准备阶段

1）认真比较、选好现场。现场选择要强调具有典型性、时代性、指导性和自愿性。

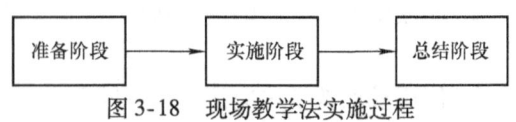

图3-18　现场教学法实施过程

典型性，就是正面经验要有示范性，反面教训要有警示性；时代性，就是现场教学材料必须是反映时代特征的新事物、新现象、新问题的案例；指导性，是指事实材料反映着一些深刻的道理，具有广阔的分析空间，值得总结，就是要选对学生有指导意义的现场进行教学；自愿性，就是基地必须配合，愿付出时间、精力、人力、物力，否则就会影响教学效果。另外，事实材料要允许存留一定时间，以便考察和研究，迅速变化的事件和必须立即处理的特急事件不宜用于现场教学。

2）确定主题、准备材料。开展现场教学一定要选择学生感兴趣的主题，同时主题的确定还要与整个教学计划相衔接、相协调。现场教学材料要符合如下要求。

① 必须是现场事实的描述，能帮助学生了解实情。
② 必须紧贴教学主题，能帮助学生理解原理。
③ 必须具有一定容量，存在广阔的分析空间。
④ 材料必须反映教学现场最本质、最重要的特征，以便学生尽快掌握情况。
⑤ 材料必须列出思考题，以便学生提前进行思考和准备。

3）设计方案、周密筹划。教师在充分了解现场、熟悉详细情况的基础上，根据教学主题，设计现场教学实施方案。教师必须认真准备教案，一方面要对事实材料的理论意义进行挖掘和概括，另一方面要对教学实施过程做出合理安排。各个方面、各个环节的准备工作都要细致、严密。

4）做好动员、明确要求。现场教学实施前对学生进行动员，以便统一认识、端正态度、明确要求。在动员中，教师必须把现场教学的概念、特点、要求讲清楚，尤其要把现场教学与参观、考察和案例教学等区分开来，明确学生的任务，并申明教学纪律，要求学生要有心理准备。

（2）实施阶段

1）"看"——进现场察看。教学活动之所以要进入现场，是因为现场展示着不可替代的事实材料，认真察看现场是现场教学的首要环节。学生进入现场一定要用心看、细致看，要以虚心的态度和高度负责的精神察看现场，看清重要细节和相关因素。

2）"听"——听取现场介绍。有关人员介绍现场教学基地情况。介绍者必须具备"三有"：一是有职，介绍者必须是教学基地上担任领导职务的干部，只有直接实践者才有切身感受；二是有备，介绍者必须认真准备，只有认真准备的材料才能内容充实、条理清晰，适应学员的需要；三是有心，只有有心支持干部教育事业的人，才能不厌其烦地耐心回答学员的提问，与学生进行深入的交流。

3）"问"——进行现场答问。让基地领导人回答学生提问，进一步讲解学生尚不清楚的事情，让学生客观、真实、全面地掌握事实材料。让学生深入了解，就要问得深入、听得明白，真正掌握事实材料的核心和全貌，掌握材料要客观、真实、全面。

4）"议"——开展现场讨论。组织学生充分讨论，让学生自己去总结经验、提炼规律。在组织讨论时，教师要注意调动学员的热情，激活学生的思维，使其打开思路、畅所欲言。同时，也要做好引导工作，使讨论既热烈开放，又围绕主题。

5）"评"——主持教师点评。教师点评是现场教学画龙点睛性的关键性环节，教师要高度重视并认真准备。要坚持实事求是，有一定深度和层次，要善于从事实材料中归纳、提炼出理论观点，或者再次验证理论，使现场教学得到升华。

（3）总结阶段

1）学生总结。学生自己对现场教学全过程进行回顾反思、整理思路、总结收获，并形成书面材料。一要总结自己对事件或事实的真实看法，包括现状、成因和结果；二要总结从中学到什么有用的经验或深刻教训；三要总结自己的心理感受，概括出自己所受的启发；四要设想倘若自己也遇到类似情况将怎样处理；五要把感性经验上升为理性认识，得出规律性的结论，使其具有普遍性的指导意义。

2）教师总结。教师对现场教学全过程进行全面总结，既要总结其成功经验，又要总结过程中的失误与不足，以将下一次现场教学搞得更好。一要总结教学基地选择的经验，弄清到底怎样的现场才有现实指导意义，才能适应学生的需要；二要总结指导现场工作实践者介绍和交流的经验，使实践者更好地负起教师的辅导职责；三要总结组织和激发学生讨论的经验，研究把讨论引向深入的方法；四要总结本次现场教学的收获和不足，经验要继承，缺点要改正。

5. 教学法运用原则

（1）现场教学设计要有针对性　教学内容要针对性，教学问题的设置和提出要有针对性，教学进程要有调控性。教学内容准备不宜过多，要相对集中，可根据课程大纲的教学要求以及学生专业技能掌握与职业岗位需求，选择课程中理论较抽象且与实践联系较密切的重点、难点知识作为现场教学内容，以确保学生能通过此手段掌握理论知识和培养专业技能。教学问题设置和提出要针对本学科课程的相关内容，利用学生好奇、急于想知道的心态，借助真情实物，通过设问的形式，启发学生的发散思维，寻找求解思路。在现场，老师不仅要讲解，而且要结合现场情况向学生提出恰当的问题，引起学生的共鸣。现场教学要围绕教学内容的核心展开，教师不仅要讲解，更要注意把握教学进程，否则可能会因为在某些问题上花费过多时间，导致教学目的难以实现，从而影响教学效果。

（2）有序的现场教学管理　由于现场教学的时间和空间有限，现场场景的新鲜感易引起学生注意力不集中，喜欢东张西望，教学组织较难，影响教学实施。因此，现场教学管理要有序，实施前要向学生提出现场教学管理要求，并由几名班级干部分组负责。在现场教学中，教师不能只顾讲解，还要掌握好教学节奏，调控好教学秩序，既不影响、干扰现场作业人员的工作，又要注意学生安全。要让学生认真听讲、注意观察、善于提问，避免现场教学走马观花、看看热闹、浅尝辄止，不能与专业理论知识结合。

6. 教学法评价

（1）优点

1）亲临实践现场、直接认识事实。现场是对事实或事件的本质和规律的保留和展示。走进现场了解是人们考察认识事实和事件最直接、最有效和最可靠的方式和手段。因此，现场教学相对于其他教学方式来说，对社会现实和客观对象的认识是比较全面、真实和深刻的。

2）面对事实讨论、深入掌握规律。在现场教学中，学生在看、听、问的基础上开展讨论，既有事实的对照，又有教师的指导；既有同学的交流，又有当事者的答疑，更能激活思维、深化认识，比其他的教学方法更能透彻掌握事物的本质和规律。

3）启发拓展思路、提高实际能力。现场教学研究的是现实问题、学习的是当前的经验。同类问题可以进行类比、参照解决；不同问题能够启发思考、创新解决。有效地提高研究和解决实际问题的能力。

（2）缺点　虽然现场教学在实践教学中有着不可替代的作用，但其开展、实施需要教师付出更多的劳动，耗费更多的精力、时间和费用，并且存在安全隐患，学生难以通过现场教学对大型生产设备和控制过程获得整体认识。因此，不能始终把现场教学作为课堂教学的辅助形式，只能有条件、有选择地适当开展，切忌生搬硬套。

（3）运用中应注意的问题

1）一定要做充分准备。现场教学的准备主要包括计划准备、组织准备、思想准备和物质准备。准备工作要具体细致、周密严谨。

2）做到多方配合。在现场教学的实施过程中，要求学生、教师、基地人员三方密切配合。其中，学生须担主体之责，教师起主导作用，基地尽地主之谊。

3) 避免以教师为中心。在现场教学中，教师是导演，是组织者和指导者，学生才是真正的主角。因此，教师要自觉扮演好角色，防止角色错位。

3.4.2 案例1：齿轮的认识

案例选择思想：在工程制图课程中，引入现场教学方法讲解"常用件"，效果较好。例如"常用件"这一部分的"齿轮的认识"子项目，因其和生产实践联系紧密，可先带学生到实训车间参观，了解齿轮的种类、应用、加工方法，观察齿轮传动情况，增强感性认识；再引导学生看书，从感性知识上升到理性知识，掌握齿轮的参数、公式计算及画法，熟悉齿轮啮合条件及表达方法。通过设定一些典型教学情景，让学生将学到的知识进行应用，可以帮助学生更好地掌握所学内容。教师在整个教学过程中起引导、组织、激励作用，同时，现场教学法可以培养学生的探索精神和工程意识。

1. 准备阶段

图 3-19 齿轮

教师行为	学生行为	设置意图
① 联系现场，如齿轮加工工厂 ② 制订计划，如出发时间、课程安排等细节问题 ③ 注意学生安全 ④ 给出图3-19所示图片	① 准备物品，如书本、笔记、笔、照相机、摄像机等 ② 分组，选出小组负责人 ③ 注意遵守纪律，注意安全、听从指挥	现场教学可以弥补在课堂教学中学生缺乏的直接知识的不足。但是，各种生产、施工现场，一般不是专门为教学服务的活动场所，往往受到时间和其他条件的限制，因此，一定要做好充分的准备

2. 实施阶段

（1）情景导入

教师行为	学生行为	设置意图
① 引入情景，提问：怎样才能找出合适的齿轮 ② 引导学生从以下方向回答问题 a. 齿轮的传动类型 b. 齿轮各部分的名称 c. 齿轮的计算公式	① 思考讨论 ② 回答问题	创设情景激发兴趣，体现所学内容的职业性、实际性。通过一个生活情景，引发学生兴趣，又以此情景来为下面的参观做铺垫，由一个"找齿轮"的事件引到齿轮传动类型、齿轮各部分名称、齿轮计算公式

情景：前不久，厂房内一台车床出现故障，此设备运行时有噪声，陈师傅打开主轴箱发现一个齿轮磨损严重，因此交给小王一个任务：带着一张写着模数、齿数及相关参数的纸条到仓库找一个齿轮进行更换。小王拿着师傅写的纸条奔到仓库，结果愣住了……

师傅给小王的纸条内容如下。

1）标准直齿圆柱齿轮。

2）齿顶高系数。$h_a^* = 1$。

3）顶隙系数。$c^* = 0.25$。

4）压力角。$\alpha = 20°$。

5）模数。$m = 2\text{mm}$。

6）齿数。$z = 57$。

（2）现场教学

教师行为	学生行为	设置意图
① 带领学生观看齿轮的种类、应用、加工方法、传动类型，介绍齿轮参数 ② 给出图3-20所示图片，要求学生说出其传动类型	① 观看，认真听讲 ② 讨论 ③ 回答问题	呈现实物情景，吸引学生，专注现场课堂。结合练习，加深对理论知识的理解

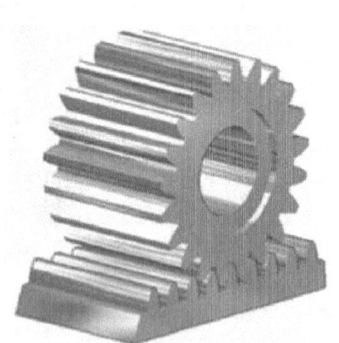

图3-20 直齿轮传动类型

（3）探究新知

教师行为	学生行为	设置意图
① 参与学生探究讨论 ② 引导学生解决情景的问题	① 观看现场操作人员的示范操作，认真听取操作人员的讲解 ② 小组讨论 ③ 确定解决问题方案	通过现场操作人员的示范和讲解，引导学生联系职业实际并探究其中的问题，通过小组讨论来认识齿轮，完成教学任务

3. 总结阶段

（1）教学反馈、课堂小结

教师行为	学生行为	设置意图
① 对学生的行为进行相应的评价 ② 帮助学生梳理知识 ③ 指出本节课应掌握的重点内容，要求学生灵活运用知识、解决实际问题	① 根据方案完成情况，进行组内评价及小组间互评 ② 通过本堂课的学习，总结自己学了了哪些知识	通过学生对本堂课各个环节学习的总结，梳理知识点，加深印象、巩固知识，同时锻炼学生总结、归纳和表达的能力。教师针对学生的小结情况，及时进行引导、补充，完善学生对本堂课的整体认识

（2）拓展提高

教师行为	学生行为	设置意图
布置任务：以减速器中拆下齿轮作为教学模型，让学生以小组为单位，测绘出齿轮的工作草图	① 分组 ② 完成任务	强化、巩固知识点

应用拓展：现场教学法在机械类课程中还可以用于轴类零件的数控车削加工工艺及实施、箱体零件的加工工艺及实施、机械零件的测绘等。

查看相关教学法案例请扫描下方的二维码：

3.4.3 案例2：磨床安全事故分析

案例选择思想：在金工实习中，讲解安全问题时引入现场教学方法效果较好。例如讲到磨床的安全操作规程时，教师选用真实案例，以PPT、图片、视频和现场分析等方式展现给学生，通过教师讲解、分析、学生的观察和讨论等方式，让学生更加深刻地认识机加工中安全问题的重要性，也能启发学生独立思考，发现机加工中存在的其他安全问题。

1. 准备阶段

教师行为	学生行为	设置意图
① 联系现场，如学校金工实习单位 ② 制订计划，如出发时间、课程安排等细节问题 ③ 注意学生安全	① 准备物品，如书本、笔记、笔、照相机、摄像机等 ② 分组，选出小组负责人 ③ 注意遵守纪律，注意安全、听从指挥	现场教学可以弥补在课堂教学中学生直接知识的不足。因此，一定要做好充分的准备工作

2. 实施阶段

（1）磨床的认识

教师行为	学生行为	设置意图
① 向学生讲解磨床的型号和功能 ② 介绍磨床各个手柄的用法 ③ 通过PPT、图片、视频展示	① 认真听讲 ② 做好笔记	通过PPT、图片、视频介绍磨床，能使学生有大概的了解，为现场教学奠定基础

（2）现场教学

教师行为	学生行为	设置意图
① 带领学生观看磨床各个手柄的用法及现场加工 ② 给出图3-21所示图片，要求学生说出存在哪些安全问题	① 观看，认真听讲 ② 讨论 ③ 回答问题	呈现实物情景、吸引学生、专注现场课堂。结合练习，加深对磨床的认识和理解，同时也提高了学生的安全意识

图 3-21　某磨床现场加工图

（3）探究新知

教师行为	学生行为	设置意图
① 参与学生探究、讨论 ② 提出问题：除了上述的安全隐患外，还存在其他安全问题吗	① 观看现场操作人员示范操作，认真听取操作人员的讲解 ② 小组讨论 ③ 回答问题	通过现场操作人员的示范和讲解，引导学生联系职业实际，并探究其中的问题。通过小组讨论来更深层次地认识磨床及存在的安全问题

3. 总结阶段

（1）教学反馈、课堂小结

教师行为	学生行为	设置意图
① 对学生的行为进行相应的评价 ② 帮助学生梳理知识 ③ 指出本节课应掌握的重点内容，要求学生灵活运用知识、解决实际问题	① 根据方案完成情况，进行组内评价及小组间互评 ② 通过本堂课的学习，总结自身学到了哪些知识	通过学生对本堂课各个环节学习的总结，梳理知识点，加深印象、巩固知识，同时锻炼学生总结、归纳和表达的能力。教师针对学生的小结情况，进行及时引导、补充，完善学生对本堂课的整体认识。同时也提高了同学们的安全意识，警钟长鸣

（2）拓展提高

教师行为	学生行为	设置意图
布置任务：车床和铣床在使用过程中要注意哪些安全问题	① 分组 ② 完成任务	强化、巩固

3.4.4　案例3：安装与调整圆盘

案例选择思想：机电一体化设备的组装与调试这门课程涉及很多生产实际知识，讲解时适当地引入现场教学方法效果较好，如安装与调整圆盘的这一部分。如果对于这样一个实操性较强的课程，只是教师单纯地讲解，或者通过PPT、动画的展示让学生观察，学生或许不能很好地理解、掌握知识，这时可先带学生到实训车间参观。通过学生的亲眼所见、亲耳所闻，学生学习的求知欲会被更好地激发。同时，学生通过实地实践、亲自动手实操，知识点会记得更牢，而且会更形象地理解知识点。

1. 准备阶段

教师行为	学生行为	设置意图
① 联系现场，如生产加工工厂或机电一体化实验室 ② 制订计划，如出发时间、课程安排等细节问题 ③ 注意学生安全	① 准备物品，如书本、笔记、笔、照相机、摄像机等 ② 分组，选出小组负责人 ③ 注意遵守纪律，注意安全、听从指挥	现场教学可以弥补在课堂教学中学生缺乏的直接知识的不足。但是，各种生产、施工现场，一般不是专门为教学服务的活动场所，往往受到时间和其他条件的限制，因此，一定要做好充分的准备工作

2. 实施阶段

（1）情景导入

教师行为	学生行为	设置意图
① 引导学生思考如下问题 a. 微型直流电动机有怎样的特性 b. 圆盘应该如何安装 ② 布置任务	① 认真思考、讨论 ② 带着问题进行课堂学习	以问题的形式让学生思考，同时，以任务为引路，通过布置任务，引起学生注意，又以此情景来为下面的参观做铺垫，让学生时刻注意参观的内容

任务 要求圆盘实现如下功能：按钮启动后，圆盘直流电动机转动带动拨杆推动物件运动，将物件从圆盘口推到抓料平台，当物件被送到抓料平台时，光电传感器能检测并输出到位信号；物件到位后直流电动机延时 0.5s 停止运行；当工件被取走后，圆盘直流电动机恢复运行，拨杆转动，继续将工件推出；工件被取走后，如果在 10s 内没有物件到位，视为圆盘无料，此时直流电动机应停止运行。

（2）现场教学

教师行为	学生行为	设置意图
① 带领学生观看现场操作人员如何安装、调试圆盘 ② 引导学生讨论、回答课前问题 ③ 观看学生操作，必要时加以指导	① 观看现场操作人员示范操作，认真听取操作人员的讲解 ② 讨论，回答问题 ③ 进行模仿性的实际操作	呈现实物情景、吸引学生、专注现场课堂。实操练习，可以加深学生对理论知识的理解

（3）探究新知

教师行为	学生行为	设置意图
① 参与学生探究、讨论 ② 引导学生完成任务	① 小组讨论 ② 确定解决问题方案 ③ 现场操作、调试，检验方案是否合理、可行	引导学生联系职业实际并探究其中的问题，以任务的形式，来帮助学生更好地消化、吸收现场所学，达到现学现用、学以致用的目的

3. 总结阶段

（1）教学反馈、课堂小结

教师行为	学生行为	设置意图
① 对学生的行为进行相应的评价 ② 帮助学生梳理知识 ③ 指出本节课应掌握的重点内容，要求学生灵活运用知识、解决实际问题	① 根据任务完成情况，进行组内评价及组间互评 ② 通过本堂课的学习，总结自身学到了哪些知识	通过学生对本堂课各个环节学习的总结，梳理知识点，加深印象、巩固知识，同时锻炼学生总结、归纳和表达的能力。教师针对学生的小结情况，进行及时引导、补充，完善学生对本堂课的整体认识

（2）拓展提高

教师行为	学生行为	设置意图
布置课后思考 ① 为什么工件到位后要延时 0.5s，电动机才停止工作 ② 怎样控制机械手工作	① 分组 ② 思考、讨论、分析问题	强化、巩固知识点，为下一节课的开展做准备

应用拓展：现场教学法在电类课程中还可用于电气控制系统监测与维护模块、机床电气控制接线图模块、电气控制系统认识模块等。

思考与练习

一、填空题

1. 所谓现场教学法就是教师和学生同时深入现场，通过对现场事实的_____，提出解决问题的办法，或者总结出可供借鉴的经验，从事实材料中提炼出新观点，从而，提高学生运用理论_____、_____和_____能力的教学方式和方法。

2. 现场教学中，教师所起的是_____和_____的作用，着重把握教学的主旨和进程，使_____有基本的保证。

二、判断题

1. 在现场教学的实施过程中，要求学生、基地人员双方密切配合。（   ）

2. 现场教学研究的是现实问题、学习的是当前经验，同类问题可以进行类比、参照解决；不同问题能够启发思考、创新解决。（   ）

三、简答题

简述现场教学法在应用中要注意的问题。

本章理论知识在线学习请微信扫描下方二维码：

第4章 其他教学法

4.1 互动教学法

应用情境：在教学过程中，经常会遇到老师布置完任务后，老师与学生之间互动交流的情景。例如在数控编程、加工工艺、电路分析等教学过程中，老师引导学生，相互交流，彼此倾听意见或建议，达到互相学习、共同进步的效果。

4.1.1 教学法理论

1. 概念

互动式教学法（简称互动法）就是通过营造多边互动的教学环境，在教学中教与学双方交流、沟通、协商、探讨，在彼此平等、彼此倾听、彼此接纳、彼此坦诚的基础上，通过理性说服甚至辩论，达到不同观点碰撞交融，激发教学双方的主动性，拓展创造性思维，以提高教学效果。这种模式既是一个动态的、开放的、发展的、教与学交互影响的统一过程，更是教师与学生之间进行的一种生命与生命的交往、沟通的过程。

2. 特点

互动教学模式中，教学过程不仅是严格地执行课程计划的过程，而且是师生共同开发和创新课程、丰富教学内容的过程。与传统的教学模式相比较，它具有以下一些特点。

（1）对象的主体性　互动教学模式的主要目的就在于培养和发展学生的主体性。互动教学模式强调启发式教育、优化知识结构和强调机会均等，关心学生的全面发展以及每一个学生的发展。通过启发、引导学生内在的精神需求，帮助学生形成主体意识、主体能力和主体人格，最大限度地激发学生学习的积极性，使他们学会学习、思考和研究，把他们培养成为自主的、主动的、创造性的认识和实践的社会主体。学生不是完成了的"主体"，而是一种生成的、建构的、发展的主体，而且这种生成、建构和发展只有在互动教学的过程中才能实现。

（2）内容的生成性　传统教学模式中，教科书知识占绝对优势，很少有教师个性知识的发挥和师生互动知识的生成。而互动教学模式追求教学的真实、自然，及时捕捉那些无法预见的教学因素、教学情景等信息，利用可生成的资源开展教学。其教学过程不是书本知识的忠实地传递和简单地接受，而是将教科书上的知识、学生原有的知识、教师的知识三者"投放"到课堂这个巨大的共振器中，经过相互碰撞、剧烈的振荡，促成这些知识间的融合、修正、生长和发展，从而内化到学生的情感体系和认知结构中去。

（3）方式的交互性　互动教学模式注重信息的多维互动，即信息发送、接受、理解、加工不全是教师对学生或学生对学生的单向度的、线性的影响，而是师生间、学生间双向的知、情、意、行交互作用的过程。这里面的信息，不只是学科知识，它还包括兴趣、情感等要素。教师的作用就表现在对教学信息的选择、加工和"激活"，引导学生参与学习活动，共同塑造一个"教学文本"，通过与文本的对话、理解和精神共享，促进学生的自我建构和自主发展，形成一种共同探索、教学相长的境界。

(4) 人格的平等性　互动教学模式中，教师以平和的心态帮助学生选择信息、追求知识、培养能力、创造发展，以一个首席学习者的身份，参与到学习活动之中，与学生共享知识并获得情感体验。师生之间形成人格上的平等，由知识、经验的授受关系变成朋友式的对话与磋商关系。一切思想强迫、话语霸权、人格歧视等都让位于平等地对话、彼此地沟通和真诚地交流，使互动的课堂充满和谐、民主和自由。当师生的人格彼此平等的时候，学习个体才会形成心理上的自由和宽松，互动双方才可能向对方敞开心扉，彼此进入对方的内心世界。

3. 实施过程

任何一种互动教学模式的实施都有其基本环节（或称操作程序），一堂成功的好课既离不开这些基本的环节，又不能局限于这些环节，要依据学科的性质和具体的教学内容做适当的调整和变化。互动教学模式运行之中，一般包括以下基本环节。

(1) 确定目标、问题引路　确定学习目标就是要让学生知道自己需要学什么和教学内容的价值。这样，才能促使学生产生期望、进取的心理倾向，让他们参与教学，与教师默契配合、引发互动。教师凭借教学目标，利用教材中固有的知识，以新、旧知识的联系或冲突引发求知需求，实现互动。目标最好是在教学情境中引导学生自己生成，并能刺激学生对所学学科的兴趣，产生强大的内驱力，激发他们积极、主动地学习与探索。

问题往往产生于学生难以理解、不熟悉的概念与知识，如果教学中学生感觉不到问题的存在，学习就只能停留在表层和流于形式。因而，互动教学模式一般采用问题来引发学生学习的动机、思路和行为，注重抓住最佳时机，紧扣思维焦点，用问题"开其意，达其辞"，促进学生多角度、多层面地思考。通过对问题的思考、质疑和交流，学生才能拥有丰富的学习体验，达到阅读的自悟、思考的觉悟、实践的感悟和交流的醒悟之境界。

(2) 思考探索、质疑问难　传统的教学模式中，学生只有静听的权利，而没有思考的自由。互动教学模式把思考与探索视为核心环节，采用启发、引导和点拨等方法，使学生在积极参与中对一些比较抽象、难以理解的问题，进行独立思考、主动探索和自由表达，激发学生思考和探索的兴趣，发散他们的思维，让其迸发创造的火花。在思考、探索的过程中，教师应留给学生充裕的时间，教给相应的策略，使学生的新旧知识、纵向与横向知识以及此类与彼类知识之间产生联系，造成认知冲突，形成独到的见解，培养独立思考能力和探索精神。

互动教学模式将教学内容转化为切合学生实际的序列性问题，采用"以学习的个性和共性为基础的'主题——探究——表达'模型"，教学过程一般设计为一个不断地设疑、破疑、再疑的过程。以导引学生的思路，形成思维波澜，使他们的思维力由潜伏转入活跃状态。互动教学模式大多沿着"无疑——有疑——无疑"这样一条波浪式的路线前进。教学中学生敢于向教师问难、向教材质疑，教师也敢于向教材质疑和向权威问难。教师一般在不易产生疑问之处或容易弄错之处设疑，唤起学生心理中的疑问，产生求索的志向和动机。

(3) 小组讨论、集中交流　互动教学模式为消解和弥补传统的教学模式的批量化教育的缺陷，大多采用小组讨论这一环节。教师组织分组，以小组为单位讨论，如图4-1所示，它要求小组保持"同组异质、异组同质"的特点。要求全员参与，围绕中心议题，学生互相启发，尽情地交换各自的观点，可以演说、提问甚至争辩。同学之间的任何猜想、设想甚至幻想都应受到尊重，尽可能让他们自己做出解释，学会在聆听中交流想法、在沟通中达成共识。让学生在思维与情感相互碰撞和激荡中，产生新的思想、观点和见解。当学生对相关问题展开激烈的讨论时，出乎意料的思维方式甚至对教师都可能有启迪与借鉴作用。

集中交流是小组讨论的延伸和继续。教师可采用启发与点拨的方法，引导学生主动地探索与发现、思考与表达，充分展示他们自主学习中知识建构的成果，发展他们思维的深刻性与广

图 4-1 小组讨论

阔性、灵活性与创造性。不要心存顾虑而越俎代庖，学生能够说清楚的问题就让他们自己去说，说不清楚时也不要急于打断他们的思路，要学会倾听，只有倾听才能了解学生真实的体验和学习状况。不能对学生的表述要求过高，否则，容易扼杀学生学习的积极性与主动性，难以让学生体验到学习的自信和成功的快乐。

(4) 当堂小结、及时评价　课堂小结的目的是对所学的内容当堂进行概括、归纳，使教学内容作为一个有机的知识体系纳入学生的认知结构中。小结应体现所学内容的逻辑联系和内在结构，突出学习的重点、难点，理顺知识，培养学生的学习能力，使课堂教学有一个完美的结局。精要的小结可以让学生带着继续探索的心向走出课堂，使学习热情保持并延续下去，形成新的学习动机。但课堂小结不能由教师包办，提倡让学生自我小结，促使学生冶情励志、开动脑筋，发挥学习的积极性和主动性。对有争论性的问题教师还要做好课后研究、探讨及辅导。

为保证教学过程的完整性，互动教学模式不仅要求对教学活动进行小结，还需要对学生的学习状况做出方向性评价，将重知识技能目标的定向评价转变为知识技能、过程方法、情感态度和价值观统一的综合评价。评价的原则：杜绝批评，鼓励为主。肯定学生的创造性劳动，用欣赏的眼光对待学生，让同学们多一点成就感与幸福感。这样有利于增强学生的自信心，对学习产生浓厚的兴趣。如果能采用自我评价效果就更好了，让学生对照自己进行纵向的比较，使不同学业成绩和智力水平的学生都能看到自己的发展与成长。评价不仅是互动教学模式的最后一个环节，也是下一个循环的起点。

4. 互动教学法的实施原则

(1) 主体性原则　在教学中要以学生为主体，使其自觉参与知识的探索过程，自觉地对学习实施自我检查和评价，成为学习的主人。

(2) 认知结构动态平衡原则　在教师、学生、教学内容、教学媒体的相互作用过程中，学生不断调整其认知结构，把新知识同化到调整后的知识体系之中，使其达到新的平衡，即学生的知识建构过程应是一个动态的平衡过程。

(3) 教学手段最优化原则　在教学过程中，要运用各种有效的手段，尤其是多媒体技术，充分发挥其形象生动、交互性强的特点，化难为易，提高教学效果。

(4) 稳定性与灵活性相结合的原则　一个成熟的教学模式必然具有较强的稳定性，从而才具有普遍适应性，但在具体运作中，教师可根据教学的具体情况，调整各组织要素的结构关系，使其内容和形式多样化。只有把稳定性和灵活性结合起来，才能满足多种教学需求。

（5）全面发展原则　在实施本教学模式的过程中，一方面要重视认知、技能、情感等各种目标的协同达成，强调知、情、意、行的有机结合；另一方面还要注意教育的整体推进，以达到育人效果的和谐发展。

5. 互动教学法的分类

（1）信息互动　教师要充分掌握学生的个人信息，并从中分析、提取、利用支持教学的积极因素，可以避免盲目教学产生的对立和冲突，这是师生良好互动的前提。当然，学生也渴望交流、渴望了解教师，这是师生互相注意、关爱的开始。信息互动要做到动静结合，教师不仅要从静态上了解学生，获取学生的年龄、性格、兴趣、爱好、家庭、身体状况、智力水平等个体自然信息，还要从动态上了解学生，及时发现学生的变化与进步。

（2）情感互动　情感是人与人之间交流、合作的重要纽带。师生双方心理层面的相互接纳和认可直接影响到教学成败。情感上的亲近和交融首先营造了一个愉快的心理环境，使学生的内心世界得以释放，并进一步表现出主动参与课堂学习的愿望。情感互动除了包括语言交流外，课堂上教师的眼神、动作、穿着、肢体语言也是情感传递的重要方式，是情感互动的重要组成部分。

（3）问题互动　一旦师生地位平等，甚至成为朋友时，问题互动就会自然展开。这是一个极好的思想和专业交流的机会，也是教师专业理论素质施展的关键时刻。教师必须用自己坚定的理想信念来感染学生，用榜样来给学生示范，以提出的问题为切入点，引导学生树立问题意识，在师生共同解决问题的过程中，引领和帮助学生学好课程。

（4）思想互动　互动能够启发学生思考。思考是人类打开智慧大门的金钥匙，课堂上思想互动才是师生互动，才是真正的互动。思想互动是互动教学法的核心内容，强调把教学过程看成是师生双方精神对话和思想交流的过程。教育对象都处在18～20岁这一时期，有学者把它定为人生的青年中期，也称为人生的抉择和定位阶段。这一时期的学生处于转型期，他们面临社会价值观念的多样性以及理想与现实的矛盾，往往更多地从现实出发思考社会和人生。因此，教师要完成与学生的思想互动，首先要分析和掌握学生思想特点，再进行强化引导，然后才能碰撞出思想的火花。

（5）教学互动　师生交流在上述互动的基础上达到教学相长，正是师生互动的真正内涵。这样的教学过程已不仅仅是传统意义的传道、授业、解惑的过程，更是师生双方实现融合、默契、达成共识、理解，进而获得教与学的一种信任感、满足感、幸福感的享受过程，可以说这是互动教学的最高境界。

6. 教学法的评价

（1）优点

1）互动教学法有利于改变学生被动听讲的消极性，发挥其学习的主观能动性，使学生通过自己的积极思考领会所学知识，在参与中完成学习任务。

2）互动式教学要求学生参与的过程增加，必然督促学生在课下认真阅读及查阅相关资料，充实自我，以满足课堂上参与相关主题的讨论和学习的需要。

3）教师由于要最大限度地调动学生课堂主动参与的积极性，必然要认真钻研、精心备课，规划好教学环节，从而既能使学生掌握所讲知识，又能使学生主动参与到课堂教学中来。这对教师更是一种教学上的鞭策和督促。

4）互动式教学由于使教与学有机地统一起来，教师与学生在课堂上互相呼应，无论是课堂提问还是案例讨论，气氛变得活跃，师生间的距离得以拉近，从而有利于教学双方发挥最佳状态。

5）互动教学法能够增强师生观念的平等性、民主性和自信心。互动教学过程能使师生之间平等对话，这种平等首先是人格地位上的平等，其次是思想上和学术上的平等。深层次的交流互动是师生双方精神的敞开和彼此的接纳，在这样一种精神对话中，教师和学生都成为了教学活动的主体，他们相互促进并提高，真正达到了教学相长的境界。对话互动实现了教育陶冶人格的功能，能最大限度地调动人的潜在特质、促进人的全面发展。

6）互动教学法能够充分调动学生学习积极性和主动性。首先，全方位的互动使得学生更好地发挥学习的主体性，当课堂互动的内容丰富、融洽、随意、和谐时，教育就成为了一种人际交往。其次，在互动过程中，每个学生都有机会发表自己的观点和看法，在倾听他人意见的同时，能够发现自己的局限性，从而激发个人成就动机和施展抱负的愿望。当自己的观点被群体认同和肯定时，学生心中会充满成功的喜悦，也满足了他们被尊重和自我实现的需要。

7）互动教学法能够激发学生的创造思维。

（2）注意要点

1）互动式教学法是一种民主、自由、平等、开放式的教学方法。耗散结构理论认为，任何一个事物只有不断从外界获得能量方能激活机体。"双向互动"关键要有教师和学员的能动机制、学生的求知内在机制和师生的搭配机制。这种机制从根本上取决于教师和学生的主动性、积极性、创造性以及教师教学观念的转变。

2）互动式教学既不是课堂简单设问、提问、答辩，更不是课堂教学之余留下10min等待学生提问题、教师释疑解难，而是从根本上确立教学相长、激活思路、讲究艺术、提高效果的教学新观念，对教师的教育观念、教学水平、教师素质提出了更高的要求。为此，教师要适应信息化、知识化时代的需求，应不断学习、不断探索。

3）必须用现代教育思想和创新教育的理念武装自己的头脑。

4）尽可能地运用现代教育手段，提高教学的直观性、过程性、有效性和探究性。

5）互动需要教师有一定的管理技巧，否则会导致课堂放任自流。

6）应努力避免削弱双基训练。

4.1.2 案例1：底座加工工艺过程

案例选择思想：底座加工工艺的方法众多，并非只有唯一一个正确的答案，那么在选择底座加工工艺的时候，若是采用互动式的教学法，能广集众思，教师与学生相互交流、学习，通过设疑——解疑——再疑的过程，教师与学生形成一种你问我答、相互讨论的教学氛围，有利于确定更好的底座加工工艺方案。

1. 确定目标、问题引路

教师行为	学生行为	设计意图
① 课前回顾机械制造工程实训卧式机床车削、铣削工件的加工过程 ② 了解本节课前学生对数控加工工艺学习的概念 ③ 给出底座实体模型及主视图，如图4-2所示，并提问"怎样设计底座数控加工工艺过程，才能保证加工出来的底座各平面精度较高？"	① 配合老师，回忆知识点 ② 轮流阐述自己卧式车床实训过程中遇到的难题与困惑 ③ 观察底座实体模型及主视图，思考问题	① 有利于学生知道自己需要学习的内容和教学内容的价值 ② 引入教学主题、阐述教学动机 ③ 引出问题，激发同学的思考、交流

 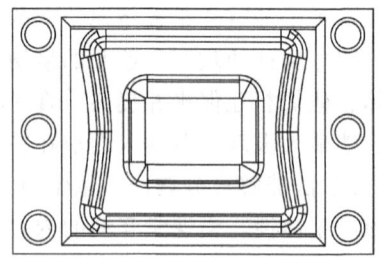

图 4-2　底座实体模型及主视图

2. 思考探索、质疑问难

教师行为	学生行为	设计意图
① 启发学生思维，可播放一个底座零件加工视频（可用 Mastercam 制作加工工艺仿真视频） ② 解说视频细节，分析底座加工工艺过程，引导学生从另外一些角度去设计加工工艺路线 ③ 不断地针对视频提出疑问之处，如为什么先铣平面再挖槽，影响是什么	① 配合老师，认真观看视频 ② 思考老师所设计的加工工艺过程，思考自己的加工工艺的方法 ③ 思考、回答老师的疑问，然后不断地与老师合作、完成"设疑——破疑——设疑"的过程	① 采用"启发——引导——点拨"的方式，进行独立思考、主动探索和自由表达，激发学生思考和探索的兴趣，发散他们的思维，让其迸发创造的火花 ② 在不易产生疑问之处或容易弄错之处设疑，唤起学生心中的疑问，产生求索的志向和动机

3. 小组讨论、集中交流

教师行为	学生行为	设计意图
① 分组，引导学生分组讨论，并巡视学生的讨论过程，吸取学生的一些比较好的想法 ② 教师可采用启发与点拨的方法，如"先挖槽再加工平面"这种加工工艺和"先加工平面再挖槽"的区别 ③ 引导学生主动地探索与发现、思考与表达 ④ 聆听学生对自己加工工艺的阐述（即使与自己所认为的工艺不同也先不要打断） ⑤ 组织学生举手回答问题	① 小组讨论，学生互相启发，尽情地交换各自的观点 ② 集中交流 ③ 学生举手，表述自己的加工工艺过程	① 分组讨论，形成学生之间的互动，教师进行巡视，能让学生的好想法对教师有所启迪 ② 充分展示学生自主学习中知识建构的成果，发展学生思维的深刻性与广阔性、灵活性与创造性

4. 当堂小结、及时评价

教师行为	学生行为	设计意图
① 进行课堂小结，总结、归纳本节内容 ② 总结不同加工工艺过程 ③ 加工工艺过程中可能存在的影响 ④ 对学生的学习状况做出方向性评价（以鼓励为主）	① 自我总结本节课学生所提出的各式各样的加工工艺方法 ② 自我表现评价和课堂评价	① 将教学内容作为一个有机的知识体系纳入学生的认知结构 ② 让学生对自己课堂的整体效果有一个衡量

应用拓展：互动教学法可用于齿轮传动、铁碳相图、平面应力状态分析、液压系统设计、工艺规程设计、机械夹具定位误差分析、机械加工方法、表面粗糙度及检测、键和花键的公差和配合、滚动轴承的公差和配合等需要集思广益，且需要一定分析、讨论的机械类的教学内容。

查看相关教学法案例请扫描下方的二维码：

4.1.3 案例2：安全用电

案例选择思想：安全用电这一章节的实用性很强，而且与学生生活很贴近，采用互动教学法讲解安全用电，更能引起师生共鸣，互动式教学涉及小组讨论，能集中学生的想法，然后以你问我答的形式向学生灌输安全用电思想，达到教师制订的预期目标。

1. 确定目标、问题引路

教师行为	学生行为	设计意图
① 了解本节课前学生对安全用电的概念，可给出一些日常生活触电形式的图片，如图4-3所示 ② 播放一段触电事故的视频给学生观看，截取视频图片，如图4-4所示，并提问"为什么这样会触电""触电的形成需要怎样的条件？" ③ 组织学生讨论学习 ④ 可巡视课堂，与学生互动完成课堂教学 ⑤ 组织好学生课堂问题的回答	① 配合老师，观看图片、思考、回答问题 ② 认真观看视频，思考问题 ③ 集中讨论，互相交流、学习 ④ 不懂请教老师，与老师相互学习 ⑤ 举手回答问题	① 有利于学生知道自己需要学习的内容和教学内容的价值 ② 引出教学主题、阐述教学动机 ③ 引出问题，激发同学思考、交流

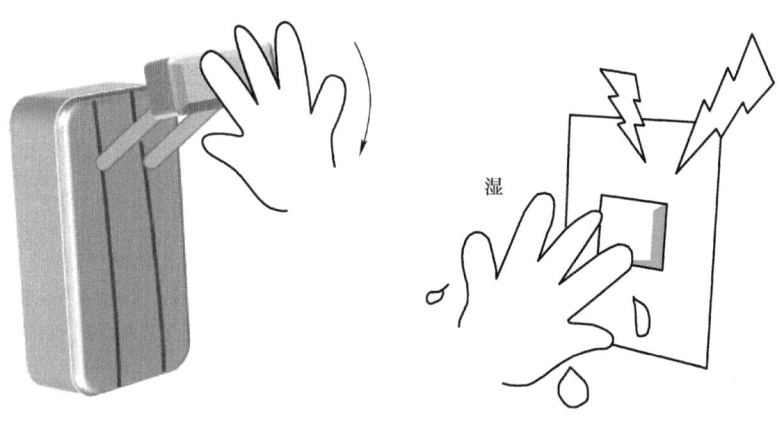

图4-3 日常生活常见的触电形式

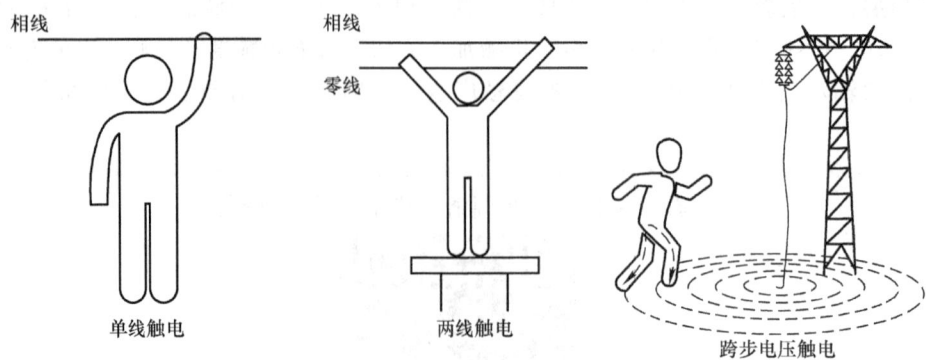

图 4-4 触电形式

2. 思考探索、质疑问难

教师行为	学生行为	设计意图
① 启发学生思维,可播放一个触电形式的动画 ② 播放安全用电视频,解说视频细节,并引导学生对比刚刚所看的触电事故视频,帮助同学们形成安全用电的架构 ③ 不断地针对视频提出疑问之处,如"为什么要先断电之后才能挑开触电人身上的电线?""有人在高压线上触电,此时无法及时通知总闸处断电,该怎么办?""为什么小鸟站在高压线上却不会触电?"如图 4-5 所示	① 配合老师,认真观看视频 ② 对比教师所播放的两个视频,思考自己该怎么安全用电 ③ 思考、回答教师的疑问,然后不断地与教师合作完成"设疑——破疑——设疑"的过程	① 采用"启发——引导——点拨"的方式,进行独立思考、主动探索和自由表达,激发学生思考和探索的兴趣,发散他们的思维,让其迸发创造的火花 ② 在不易产生疑问之处或容易弄错之处设疑,唤起学生心中的疑问,产生求索的志向和动机

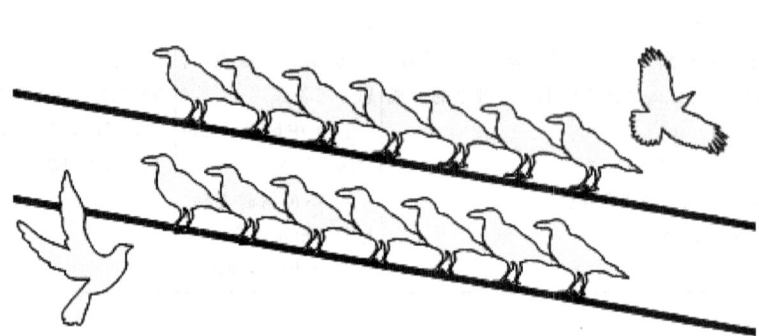

图 4-5 高压线上的小鸟

3. 小组讨论、集中交流

教师行为	学生行为	设计意图
① 分组,引导学生分组讨论"触电的原因","安全用电要注意的地方"等 ② 巡视学生的讨论过程,吸取学生的一些比较好的想法 ③ 加入学生讨论,与学生互动,帮助学生解决他们的问题 ④ 教师可采用启发与点拨的方法,引导学生主动地探索与发现、思考与表达 ⑤ 聆听学生对安全用电注意事项等的阐述	① 小组讨论,学生互相启发,尽情地交换各自的观点 ② 集中交流,学生最终表述自己所学到的安全用电的相关知识	① 分组讨论,形成学生之间的互动,教师进行巡视,能让学生的好想法对教师有所启迪 ② 充分展示学生自主学习中知识建构的成果,发展学生思维的深刻性与广阔性、灵活性与创造性

第4章 其他教学法

4. 当堂小结、及时评价

教师行为	学生行为	设计意图
① 进行课堂小结，总结、归纳本节课内容 a. 触电的形式 b. 触电的原因 c. 安全用电需要注意的事项 ② 对学生的学习状况做出方向性评价（以鼓励为主）	① 自我总结本节课学生所提出的各式各样的触电形式、安全用电的注意事项等 ② 对自我表现和课堂评价	① 将教学内容作为一个有机的知识体系纳入学生的认知结构 ② 让老师、学生对自己课堂的整体效果有一个衡量

应用拓展：互动教学法可用于基尔霍夫定律、串并联电路的计算、反馈放大电路、功率放大电路、电阻阻值运算等电类的教学内容。

思考与练习

一、填空题

1. 互动教学法有_____、_____、_____、_____、_____。
2. 互动式教学法是一种_____、_____、_____、_____的教学方法。
3. 互动教学模式把_____视为核心环节。

二、选择题

1. （　　）是互动教学法的特点。
   A. 对象的生成性　　B. 内容的交互性　　C. 人格的平等性　　D. 方式的主体性
2. （　　）是互动教学法实施过程的第三步。
   A. 确定目标、问题引路　　B. 小组讨论、集中交流
   C. 思考探索、质疑问难　　D. 当堂小结、及时评价
3. 互动教学法在教学中要以（　　）为主。
   A. 教师　　B. 教学　　C. 学生　　D. 互动

三、判断题

1. 互动教学法运用过程中评价的原则：杜绝批评、鼓励为主。　　（　　）
2. 互动教学模式大多沿着"有疑—无疑—有疑"这样一条波浪式的路线前进。（　　）
3. 互动教学法能够充分调动老师学习积极性和主动性。　　（　　）

四、简答题

1. 请写出互动教学法的概念。

2. 互动教学法要注意的问题是什么？

4.2 讨论教学法

应用情境：在教学过程中，很多知识点仅通过理论讲解学生很难深入理解，很多概念也容易混淆。例如工件加工过程中刀具路径的选择与优化，在电路实验课上线路的安排与接法等。通过教师主导下的讨论教学再到实践检验，这样能加深学生对知识的掌握，也能培养学生的信心。

4.2.1 教学法理论

1. 概念

讨论教学法（简称讨论法），是指教师组织和指导学生围绕某一理论问题或实际问题各抒己见，展开讨论、对话、辩论等，以求得到正确认识。讨论法在教学中，可用于传授新知识，也可用于复习、巩固旧知识。既可穿插在教学过程中，也可贯穿教学的全过程，成为讨论课。

2. 起源

早在两千多年前，孔子就常与学生讨论问题，并鼓励学生之间讨论。古希腊哲学家苏格拉底也采用这种方法进行教学，被称为助产术。1919 年英国教授俄斯凯恩明确提出了讨论式教学法的概念。杜威的"活动课程"、皮亚杰的"发生认识论"问世以来，人们进一步从课堂论、心理学等理论及课堂实践方面，为讨论教学法的运用提供了理论基础和实践例证。他们认为，对概念的思考及对技能的领悟性学习优于根据重复练习原则对概念和技能的学习，而讨论是促使思考到领悟最有效的途径。

3. 特点

学生根据教师所提出的问题或学生自己提的问题，相互交流意见、启发补充，弄清问题、解答疑惑。课堂讨论是从"知"过渡到"行"，从"理论"上升到"实践"必不可少的一个过程。讨论法诚如一位大师所言："你有一个苹果，我有一个苹果，相互交换，每个人还是一个苹果，但如果你有一种思想，我也有一种思想，相互交换，每个人就会有两种思想。"讨论教学法是以学生的学习活动为中心，让学生由被动接受知识转变为主动获得知识。

（1）民主自由性　讨论教学法是要以学生为主体的教学方式，在讨论式的教学中要求的民主自由性更是体现了这一特性。在提出问题让学生讨论之后，教师要尊重学生，让学生畅所欲言，民主、自由地讨论、发言，不管讨论的结果对不对，教师不用急着下结论，保留学生的民主自由性，这样才能更好地发散学生思维。

（2）形式性　使用讨论教学法时，教师应多设计些形式让学生讨论。如果按照传统教学法，一声令下"大家讨论吧"，那样学生基本是不会讨论的。因此要注意讨论的形式能吸引学生。例如可以把学生分成若干小组，给每一组不同或相同的问题去讨论，小组与小组之间可以竞争看看哪些组完成得好，哪些组讨论得比较激烈等来激发学生讨论的热情。讨论的形式有辩论式、演讲式、对话式、咨询式、设置情境式和调查研究式。

（3）开放性　讨论是为了得到答案，为了寻找支撑问题的观点。很多需要讨论的问题，它的观点都不唯一，真相也不只有一个。因此在运用讨论法去解决问题时，要注意讨论的开放性，发挥学生的主观能动性，要指导学生发散思维，更开阔地讨论问题，不要只局限于某一个答案。这样才能达到讨论真正的目的。

（4）联系性　教师在讨论中提出的问题必须与教学内容相符合，且与学生现有的知识相联系但又有思考的空间，这样讨论出来的结果才有意义，学生也能针对教师给出的问题，很好地完成讨论，而且讨论问题的要求是要学生找出更多的证据来证明讨论的结果。例如：你是如何知道的呢？你的观点有哪些事例或数据作为支撑？你能为怀疑你观点的人提出更多的论据来吗？你从教材中的哪些地方找到这些观点？如果随便布置一些问题讨论，不但浪费了时间，学生没有讨论的热情，也达不到教学效果。

（5）趣味性　兴趣是最好的老师，是推动人们去寻求知识、探索真理的一种精神力量。兴趣对学生来说是最重要的，学生有了兴趣才会积极主动地去学习。而在课堂教学中，激发了学生的学习兴趣，才会激活和加速学生的认知活动。学生对他所学的知识有没有兴趣、有没有认同感，进而自觉地去学习，关键在于他所学到的理论知识能不能帮助他解决实际问题。有兴趣就有求知的内在动力，孔子说："知之者，不如好之者；好之者，不如乐知者。"课堂讨论教学改变了传统教学模式中的学生单一地接受，增加了学生学习的兴趣。

（6）引导性　在讨论式教学法中，虽然以学生为主体开展，但在整个讨论过程中，教师也是扮演着引导者的重要角色。在讨论过程中，难以平衡各个组的能力，因此无法避免问题过于困难而无法讨论出结果；也有些学生喜欢在课堂上捣乱，趁着讨论的时间去扰乱同伴。这时，教师必须要站出来，首先给予困难的组一定的提示，引导学生继续讨论；对于扰乱讨论的学生也要进行一定的引导，对其进行提醒、教育、鼓励，引导他们集中在与同伴的讨论中，保证讨论的质量。

4. 实施过程

（1）提出问题　讨论法的核心支柱是掌握提问、仔细倾听、热情回应。提问在三者中是重中之重，在现有的课堂里不敢提问、不懂提问又是最为常见的，只有提出让学生感兴趣的或有价值的问题，才能使课堂充满深入的、对话的气氛，因此提出问题时要注意以下几点。

1）问题要具有典型性。问题要能涵盖本节课的教学内容。

2）问题要具有联系性。要求设计的讨论问题能结合实际，并能让大多数学生理解。

3）问题要有针对性。教师应该针对学生的学习、理解能力来选择或设计问题。

4）问题的趣味性。力求教学过程中用到的问题都能有趣味性，吸引学生，提高学生的积极性，激发学生的学习兴趣。

（2）参与讨论　这个阶段包括学生的讨论以及教师对学生讨论的回应。在参与讨论前，教师应该设置多样化的形式让学生讨论，不会显得枯燥无味，甚至可以让学生在讨论中形成一种竞争。例如可以组与组之间互评：请你说明一下你的观点和××同学的观点联系在哪儿？你的观点是支持还是反对他的观点？你的观点与××同学的观点异同在哪里？你觉得你的观点哪个更能更好地回答刚才讨论的问题？为什么？"这样学生怀着积极的心态去讨论，当学生观点得到肯定时，他的自信心瞬间就会树立起来。在学生讨论、发言期间，教师最好作为一名沉默者，这样可以发挥学生的个性观点，当学生讨论、发言完毕后，教师再综合学生的回答并加以点评、总结，对学生存在的不足进行逐一指导，让学生的知识在此次的讨论中得到提高，更好地达到教学目的。

（3）总结讨论　根据教学需要，可以分两步进行。首先是学生小组之间的总结，各个组派一个代表总结本组的讨论结果。最后是教师将各个组的结果联系起来、加以总结，得出综合性的结果。要充分肯定有创造性的见解或联系实际的较好发言。对讨论中提出的不正确观点，也要给予客观地科学分析，使学生心悦诚服，从而提高他们的认知水平。

5. 教学法运用原则

（1）教学目标分析　决定教学的方向，围绕这一方向设计教学目标，有利于教师的"教"和学生的"学"。

（2）提出问题　设定的讨论题要难度适中，学生有话可说；题目小而精，不要大而全；易于联系实际，力戒"空对空"。教师指导学生带着问题阅读有关教材和资料，写好发言提纲。

（3）引导讨论　首先，要善于设置对立面，有意设立逆命题，让学生进行思考。可以把很多意见，很快归纳出几种不同见解，让学生比较、鉴别。其次，要耐心疏导，因势利导，调动全体讨论者的积极性，形成民主、平等的学习气氛，让大家都能大胆地发表见解，把讨论引向深入，使问题得以解决。

（4）倾听讨论　讨论指导者只有仔细倾听其他人发言，才能评论对方是否理解正确，以及对方发言同主题相关的程度，以便提出下一步讨论。仔细倾听也有助于掌握何时应当鼓励学生发言。仔细倾听还有一个很大的益处就在于增强讨论的延续性，包括发言与主题的一致性以及发言者之间，至少是上下发言者之间发言的相关性，仔细倾听绝不是一蹴而就的事，也需要通过训练才能掌握。

（5）回应讨论　只有保持回应，才能让讨论持续进行下去，但这里所指的回应同平常课堂上所指的回应有所不同，教师不再是回应的唯一承担者，教师在回应学生的观点或问题时，尽量保持沉默，把发言的机会让给学生，让倾听的学生回应刚刚讲述的观点，进行彼此之间的互动。

（6）评价讨论　评价应该是多元的，既有教师的总结评价，又有每个学生个人的自我评价，还要有每个团队中每个人的评价。

6. 教学法评价

（1）优点

1）发挥学生的主体作用。讨论教学法要求学生之间完成讨论。学生是学习的主体，找出证明问题的观点，方法由学生自己决定，需要用到的知识由学生自己来组织，需要用到的资源由学生自己来寻找和筛选，不完全跟着教师的思想来行动，变被动为主动，有效地发挥学生的主体作用。

2）促进师生、学生间的交流。运用讨论教学法的课堂，不仅保证了教师与学生之间原有的交流过程，而且也允许了学生与学生之间彼此进行交流、讨论。特别当教师成为小组中的一名成员之后，亲身参与到学生的交流活动中，还能鼓励和促进学生与学生之间进行交流，从而形成了教师与学生、学生与学生之间的多向交流。这对于促进学生之间的信息传递，增大学生与学生之间的信息传递速度，起到积极的促进和推动作用。

3）为学生提供学习的机会。学生在讨论的过程中，可影响彼此的推理和结论，学生与学生之间的言语和非言语的反应，有利于学生认知活动的形成，特别是为缺乏学习动机的学生进行学习提供了很好的机会。学生在讨论过程中获得同伴的期待和强化，其互动作用与师生互动相比更紧密、更紧切、更丰富，更便于直接地从同伴那里获得行为方式和思想上的交流，以及获得成就感。

4）培养学生多方面的能力。学习不仅是获得知识的过程，也是发展能力的过程。例如中职要求着重培养学生动手、设计、思考、表达等多种能力。能力是在学生积极参与实践的过程中逐步培养起来的。讨论是学生主动参与教学的过程，在参与讨论的过程能加深对知识本身的理解，深刻领会知识的内涵，也是提高学生思考、表达、比较、鉴别能力的过程，更能提高学生知识运用的能力和实践能力。

5）利于学生个性的表达。参与讨论的关键是学生能清楚、明白地向其他同学阐述自己的观点，要做到言简意赅、突出重点，通过讨论课有效提高学生文字组织能力和表达能力。

（2）缺点　在目前我国大多数中职院校中，运用讨论法能起到很好的效果，可提高学生的学习效率,激发学生的学习兴趣,但在运用过程中也存在了以下不足。

1) 无法平衡各组学生的能力。在讨论过程中,至少两个人以上的讨论,因此在讨论过程中,有些学生会怀着得过且过的心态去讨论,对讨论的结果不会过多关心。有些成绩不够好的学生也会怀着自卑的心态,让优秀的学生尽情去表达、讨论,而自己就会缩在一边。因此教师在学生讨论过程中要多关注这样的学生,保证讨论质量。

2) 无法避免调皮学生在学生之间讨论时趁机捣乱。中职的学生相对好动,对学习的热情不高。在讨论过程中,气氛会相对讲课活跃,调皮学生很容易抓住此机会捣乱,释放上课的压抑心情。这样就会影响到所在小组的讨论氛围、进程、结果。

3) 学生依赖参考答案。在布置了问题讨论之后,有些学生在讨论过程中觉得讨论不出或不想讨论的时候,往往喜欢查找参考答案或者在网上搜索,这样过分依赖参考答案,起不到发散学生思维的作用。因此教师在遇到这种情况时应适当地给予学生一定提示,引导学生继续思考。

4.2.2 案例1:零件加工刀具路径

案例选择思想:在零件加工刀具路径中,刀具路径有很多种,学生往往因为种类多而不知道如何选择,该用哪一种刀具路径去加工零件才是比较好的,会有一种混乱的思维。因此引入讨论教学法来讲授零件加工刀具路径,通过同学之间的相互讨论,可以取长补短,在讨论的热情中,对刀具路径的选择会有更多的想法,也对所要掌握的刀具路径有更深的印象。

1. 问题导入

教师行为	学生行为	设置意图
① 先讲解数控加工刀具路径有哪些需要用到的参数与指令 ② 在学生了解零件加工的基本刀具路径之后,教师提出问题:加工一个零件可以有很多种刀具路径,那刀具路径到底应该怎样选择才是最好的呢? ③ 让学生先独自思考问题	① 认真听课、观看仿真 ② 先熟悉刀具路径,理解每种刀具路径的特征	在此过程中,教师通过提出问题,让学生独立思考,吸引学生、提高学生的集中力

2. 引导讨论

教师行为	学生行为	设置意图
① 观察学生的思考情况,让学生先按照以往的分组进行讨论 ② 在学生讨论过程中要来回走动,观察学生讨论的情况,当学生遇到瓶颈时,给出适当地指导 　a. 对于一个需要挖槽和面铣的零件,是先挖槽还是面铣呢 　b. 对于一个需要下面铣与侧面铣的零件,是先下面铣还是侧面铣呢 　c. 刀具路径中,精加工与粗加工的速度有什么区别呢?为什么 　d. 面铣的时候应该是使用平行环切、高速切削还是等距环切呢 　e. 加工昆氏曲面时应该用球刀还是用平底刀呢	① 认真思考 ② 小组内讨论 ③ 在教师的引导下,回忆旧知识,把旧知识与现在的知识联系起来,小组内交换意见	将学习任务交给学生讨论解决,提高学生独立思考的能力,小组内相互讨论,同学间可以相互学习,表达、组织能力也能得到提高

3. 倾听讨论

教师行为	学生行为	设置意图
① 讨论结束后，让各组派代表把讨论结果表达出来 ② 认真倾听学生的结果，并做相应的记录，如学生提出了哪些观点？学生讨论的结果与问题是否相关	① 派代表起立把本组的观点完整地表达出来 ② 倾听其他各组的观点，做好记录，与本组观点有什么不同	提高学生的表达能力，也让学生在全班面前分享讨论的结果，学生之间相互学习、取长补短

4. 回应讨论

教师行为	学生行为	设置意图
回应讨论分两部分，一部分在学生讨论期间，一部分在学生表达结果期间 ① 在观察学生讨论期间，要适当对学生的讨论做出回应。例如，面铣还是挖槽铣的路线，如果学生考虑到误差和平面度，那这个方向是对的，教师要给出一定的回应，使学生的讨论继续往下进行。如果学生是往刀具方面思考，方向是不正确的，那教师就要适当地提示，免得学生走错方向、浪费时间 ② 在学生表达结论期间，教师也要做出回应，每组表达完之后要适当地点评	在教师回应讨论阶段，学生行为也是分两部分 ① 在讨论期间，可以适当地把自己的方向与教师说，看是否正确 ② 要认真听教师的讲解与提示，更深入地讨论 ③ 在表达结论期间，学生要对教师的回应做出记录、记下重点	通过教师的回应，可提高学生讨论的质量，也能延续学生的讨论激情，使学生越讨论越有兴趣。且使学生更集中了注意力，课堂学习气氛好

5. 评价讨论

教师行为	学生行为	设置意图
① 学生全部表达完结论后，教师要做相应的总的一个概况，对优秀的讨论要提出表扬，对做得还不够好的要适当鼓励 ② 让各个小组相互评价，在这次讨论中学会了什么，自己存在什么不足 ③ 把正确的观点重新整理一遍，让学生记录下来	① 交流、欣赏自己或他人的观点 ② 把问题的答案记录下来，再重新思考	相互交流和学习，检验自己存在的不足之处，巩固练习，并在完成任务中学习知识、学会技能，体会成功的快乐

应用拓展：讨论教学法在机械类课程中还可用于工程材料的热处理、数控机床主轴转速控制、零件加工工艺路线等知识的讲解中。

查看相关教学法案例请扫描下方的二维码：

4.2.3 案例2：稳压二极管

案例选择思想：在电子技术这门课程中，涉及的各种电路原理、电路接法很多，因此对于中职的学生来讲，这些电路原理与电路的接法在他们的脑海中会存在着很多的为什么。例如本案例说到的稳压二极管（简称稳压管）。当在电压中稳压值不够时，可以用多个稳压管，但为什么只能串联而不能并联呢？这就需要学生利用已有知识对这一问题进行讨论。

1. 问题导入

教师行为	学生行为	设置意图
① 先讲解稳压二极管的作用以及在电路中的接法 ② 在学生了解稳压二极管的作用后，抛出问题：当一个稳压二极管的稳压值不够时，为什么只能在电路里串联多个稳压二极管而绝不能并联 ③ 让学生先独自思考问题	① 认真听课 ② 根据稳压二极管的特性，独自思考教师提出的问题	在此过程中，教师通过提出问题，让学生独立思考，吸引学生，提高学生的注意力

2. 引导讨论

教师行为	学生行为	设置意图

① 根据观察学生的思考情况，先让学生按照以往的分组形式进行讨论
② 在学生讨论过程中要来回走动，观察学生讨论的情况，当学生遇到瓶颈时，给出如下适当指导
  a. 学生可以根据两种情况来分析，如果串联稳压二极管压值会怎样变化？如果并联稳压二极管稳压值会怎样变化
  b. 学生可以联系以往的知识，串联、并联有什么特性？与稳压值的大小有什么关系
	① 认真思考
	② 小组内讨论
	③ 在教师的引导下，回忆旧知识，把旧知识与现在的知识联系起来，小组内交换意见
		将学习任务交给学生讨论解决，提高学生独立思考的能力，小组内相互讨论，同学间可以相互学习，表达、组织能力也能得到提高

3. 倾听讨论

教师行为	学生行为	设置意图
① 讨论结束后，让各组派代表把结论表达出来 ② 认真倾听学生的结论，并做相应的记录，学生提出了哪些观点？学生讨论的结果与问题是否相关	① 派代表起立把本组的观点完整地表达出来 ② 倾听其他各组的观点，做好记录，与本组观点有什么不同	提高学生的表达能力，也让学生在全班面前分享讨论的结果，学生之间相互学习、取长补短

4. 回应讨论

教师行为	学生行为	设置意图
回应讨论分两部分，一部分是在学生讨论期间，一部分是在学生表达结论期间 ① 在观察学生讨论期间，要适当对学生的讨论做出回应，如学生往串联并联的特性方向思考了。那这个方向是对的，教师要给出一定的回应，使学生的讨论继续往下进行。例如，学生往电源电压或者负载对稳压管的影响的方向讨论了，这样就偏离了问题本身，教师就要适当地提示，免得学生走错方向、浪费时间 ② 在学生表达结论期间，教师也要做出回应，每组表达完之后要适当地点评	在教师回应讨论阶段，学生行为也是分两部分 ① 在讨论期间，可以把自己的方向告诉教师，看是否正确 ② 要认真听教师的讲解与提示，更深入地讨论 ③ 在表达结论期间，学生要对教师的回应做记录，记下要点	通过教师的回应，提高学生讨论的质量，也能延续学生的讨论激情，使学生越讨论越有兴趣。且使学生更集中了注意力，课堂学习气氛好

5. 评价讨论

教师行为	学生行为	设置意图
① 学生全部表达完结论后，教师要做相应的总的一个概况，对优秀的讨论要提出表扬，对做得还不够的要适当鼓励 ② 让各个小组相互评价，在这次讨论中学会了什么，自己存在什么不足 ③ 把正确的观点重新整理一遍，让学生记录下来	① 交流、欣赏自己或他人的观点 ② 把问题的答案记录下来，再重新思考	相互交流和学习，检验自己存在的不足之处，巩固练习，并在完成任务中学习知识、学会技能，体会成功的快乐

应用拓展：在电类的课程中，讨论教学法还可用于基尔霍夫定律、欧姆定律、电场的分布、线圈产生交流电等知识的讲解中。

思考与练习

一、填空题

1. 在讨论教学法中，教师起_____作用。
2. 讨论教学法要求学生自己或_____完成讨论。
3. 在设置讨论时，教师要注意_____吸引学生讨论。

二、选择题

1. （   ）还有一个很大的益处就在于增强讨论的延续性。
   A. 引导讨论　　B. 仔细倾听　　C. 回应讨论　　D. 评价讨论
2. 评价应该是（   ）的，既有教师的总结评价，又有每个学生个人的自我评价，还要有每个团队中每个人的评价。
   A. 单一　　　　B. 复杂　　　　C. 中肯　　　　D. 多元
3. 运用讨论教学法的课堂，不仅保持了教师与学生之间原有的交流过程，而且允许了（   ）与（   ）之间彼此进行交流。
   A. 同桌；同桌　B. 小组；小组　C. 学生；学生　D. 个人；个人

三、判断题

1. 讨论教学法可穿插在教学过程中，也可贯穿于教学的全过程，成为讨论课。（   ）
2. 掌握提问、仔细倾听、热情回应是参与讨论的核心支柱，掌握提问在三者中是重中之重。（   ）
3. 参与讨论这个阶段包括学生的讨论以及教师对学生讨论的回应。（   ）

四、简答题

1. 讨论教学法的优点有哪些？

2. 提出问题这一环节应注意哪些问题？

4.3 角色扮演教学法

4.3.1 教学法理论

应用情境：在教学过程中，有时候仅仅靠老师讲授知识，学生不容易记住，达不到预期的效果。利用角色扮演教学法，可使学生成为主角，教师成为观众，也可使学生成为评论员等。通过这种教学法使学生巩固学习内容，提高知识水平，增加教学过程趣味性，锻炼学生的表达能力。

1. 概念

角色扮演教学法（简称角色扮演法）是教师在课堂上设计一项任务，引导学生参与教学活动，让学生扮演各种角色，进入角色情景，处理多种问题和矛盾，使学生从"表演"中受到启示，加深对专业理论知识的理解并能灵活运用。角色扮演以完成某种任务为主要重点目标，在设定一个教学目标后，让学生不论是亲身体验或是从旁观察，都会将注意力专注于活动的进行过程上，让学生在课程中，通过自身经历的过程来学习并获得知识。角色扮演可以使学生对问题有更深入地认识，对不同角色的特质有新的体会，进而培养综合素质。

2. 起源

角色扮演教学法是从美国社会学家范尼·谢夫特和乔治·谢夫特的《关于社会价值的角色扮演》中演绎过来的。它是以社会经验为基础的一种教学模式，具有一定的社会性、实用性。

3. 特点

角色扮演教学法从实际上来说，是用演出的方法来组织、开展教学。传统教学中，教师往往是个表演者，学生是欣赏者，因为欣赏能力不同，领悟程度也不同。角色扮演法应以发展为主。使课堂成为学生的舞台，学生变为表演者，并根据兴趣及能力不同，饰不同角色，教师退居幕后，成为导演。角色扮演法可穿插于课堂的不同时段。例如可用来导入新课，梳理重点、难点，或者穿插在整个课堂中，要有效地实施角色扮演教学，应注重理解和运用以下几个特性。

（1）情景性　情景教学是指运用具体活动场景或提供学习资源以激起学习者主动学习的兴趣，提高学习效率的一种模式。学生的角色扮演其实也是一种表演活动，让学生"入戏"更快，离不开情景的支持。情景可分为环境情景和材料情景，在角色扮演中，要用好这两种情景。例如叫一个学生去扮演教师讲课，可事先放一段关于教师讲课的视频让学生观察，怎样才能像一个教师在课堂上讲课。

（2）共同性　共同性原则就是让学生共同参与，体现了教育教学的公平性原则，每个学生都有表现的机会。在实践中，让学生共同参与的效果要好于个别参与。例如模拟课堂教学时，可以把学生分成四个小组，一组扮演教师，一组扮演观众，一组扮演好学生，剩下一组扮演纪律比较差的学生，设置不同的情景，纪律较差的学生扰乱课堂，考察扮演教师的扮演者怎样处理，扮演观众的学生要注意扮演过程并给予评价，这样就达到整个班级共同参与的效果。

（3）趣味性　角色扮演的目的是激发学生的学习兴趣，变被动接受为主动学习。所以选择的角色应该是学生感兴趣的、比较普遍的、与知识点有关的、所向往的。

（4）适当卷入性　适当卷入性原则是指教师适当调节活动中出现的问题或适当参与角色

扮演。有时候学生在角色扮演中，思维像脱了缰绳的野马，离题千里，这就需要老师的介入，把握野马的方向，努力营造轻松、自由的气氛，让扮演者具有安全感，不会因为出现某些意外而被同学嘲笑。也因为有教师的加入，使得学生更有信心，拉近师生关系。

(5) 理论性　角色扮演法是一种实践性很强的教学方法，但是它需要很强的系统理论知识做铺垫，如果教师没有很强的理论联系实际的能力，就显示不出这种教学方法对于学生掌握教学内容的优越性，所以应用这种教学方法也对教师提出了较高的要求。在角色扮演过程中，就要注重理论和实践相结合，正好印证了一句格言："只是告诉我，我会忘记；要是演示给我，我就会记住；如果还让我参与其中，我就会明白"。

4. 实施过程

(1) 角色设计　角色设计是实施角色扮演教学法的第一步。教师要根据具体的教学内容来设计角色、充分备课。设计角色时要注意以下几点。

1) 角色要有典型性。角色必须是学生熟悉的，而且对教学内容能起到更好理解、掌握的作用。

2) 角色要有锻炼性。要求设计的教学角色能对学生起到锻炼的作用。

3) 角色要有一定的针对性。教师应该针对学生的学习理解能力来选择或设计教学角色。

4) 任务的趣味性。力求教学过程中用到的角色都有趣味性，吸引学生，提高学生的积极性，激发学生的学习兴趣。

(2) 角色扮演　设计好角色之后，学生要利用课余的时间去准备演练。例如扮演教师的学生需要在上课前把知识内容预习、理解好，像教师一样备好课（可以找教师辅导），这样在上课时就能游刃有余。扮演优秀学生者要积极回答问题，遵守纪律。扰乱课堂纪律的学生要根据教师的安排在某段时间扰乱课堂，考察扮演教师的学生怎样处理，应对课堂的突变（这个扮演教师的学生事先是不知道有这一环节的），这样就锻炼了学生的应变能力。当观众的学生要观察整个扮演过程，扮演结束后要进行评价，并从中学习。在这个过程中，学生要根据课前的演练，把最好的一面展现出来，并在扮演的过程中思考，从中提高自己。教师在学生扮演过程中要随时记录好学生扮演中好的地方和有待改进的地方，留待总结、做出评价，在有意外情况发生时要适时、适当进行指导与处理。

(3) 总结角色扮演　角色扮演结束后，（接着扮演过程中所举的例子）首先让作为观众的学生对其他扮演者进行评价，如扮演教师的角色怎样，扮演好学生的角色怎样，扮演扰乱课堂的学生的角色怎样，对这种扮演有什么样的反思。接着是扮演教师者谈感受，如对理解教学内容有没有帮助。最后教师总结。

5. 教学法运用原则

(1) 设计角色　教师要认真备课，精心设计角色，巧妙营造表演环境，重点突出要说明的主题，让学生熟悉教学课程的情节和背景。

(2) 确定角色　公布角色之后，让学生根据自己的能力、知识程度和喜好去选择自己喜欢的角色，提醒学生在扮演过程中要融入角色中去，忘掉自我。用教学中要求的角色的思想去考虑问题、付诸行动。

(3) 角色扮演　其是角色扮演教学法的关键，把教学环境创设好，让学生进入角色，开始演练。教师要跟进进度，并给予适当地指导。

(4) 总结评价　启发当观众的学生去评价"扮演者"，可以提出这样的问题："如果让你来扮演这样的角色，你会怎样做？你会怎样说？如果你也遇到了突发问题，你会怎样处理？"让学生讨论一下扮演的程度，然后教师对每个角色的扮演和观众的评价加以综合分析。

(5) 教师的扮演职责　整个角色扮演的过程中，教师履行着导演的职责，驾驭着整个教学过程的发展，是每个角色的裁判，最后要做出与课程设计思想、目标相符合的结论，达到预期的教学目的。

6. 教学法评价

(1) 优点

1) 体现了教与学的开放性。学生根据自己的体验、兴趣及掌握信息的程度选择角色，在小组讨论中充分发表自己的见解，把自己融入到角色当中，在扮演中不断完善和丰富各角色对应的教学内容。

2) 有利于增强学生的自信心。角色扮演是一种以学生发展为本，把创新精神培养置于重要地位的方法。有助于学生表现自己，站在全班同学的面前，把自己的想法、见解通过表演的方式释放出来。而且每个学生都有机会上台表演，对于平时比较内向的学生，在外向学生的带动下，克服害羞的障碍，把自己最真实的一面展现出来，得到同学与老师的肯定，这样不仅能拉近学生之间的关系，也增强了学生的自信心。

3) 有利于帮助学生轻松掌握知识，提高学习效率。角色扮演教学法所创设的情景及所扮演的角色都是由课堂中延伸出来的，学生可以根据自己的喜好去选择不同的角色。在整个扮演过程中，用课堂知识来扮演，通过这样一个轻松的表演方式来让学生掌握其中的知识，并且牢记在心。这样不仅学习轻松，而且还提高了学生学习效率，容易记住知识。

4) 有利于提高学生的应变能力。在角色扮演过程中，不可能从头到尾都表演得十全十美。例如有的学生忘记了台词、动作，或者是由于情绪高涨而导致离题，或者是由于自己的失误导致冷场等。这时候扮演的学生就要根据场景的发展，思考应该怎样去挽救，怎样去继续扮演，考察了学生的应变能力。

5) 有利于学生个性的发展和能力的提高。由于学生之间学习能力和个性的差异，如果按照传统的教学模式，势必会导致优秀的学生和落后的学生之间的差距逐渐加大。但在角色扮演中，学生可根据自己的能力、知识程度和喜好，来选择自己能够驾驭的角色去扮演，这样每个人都能发挥自己的特长，使优秀生更优秀，落后生会变成优秀生。

(2) 缺点　在目前我国大多数中职院校中，角色扮演教学法教学在运用中还是有其不足之处。

1) 运用面不广。中职的课程大都是机械类、电类，能应用角色扮演教学法的并不多，不像小学、初中、高中那样学的语文、英语、历史等比较多角色扮演的案例。能运用到扮演的案例就比较局限。

2) 尺度难以把握。学生扮演的角色如果表演不当，或者是没有能够及时地应变挽救，就会被其他学生嘲笑和批评。有时出现突发的场景，教师难以应对，因为不是每一场扮演中教师都会参与其中。当学生对教材内容理解不到位、准备不充分的时候会导致冷场、费时等。

3) 扮演工作量大。在角色扮演中，要想达到预期的效果，提高质量，就必须在上课前让学生充分准备好扮演。在确定角色之后，还要设置情景、台词、动作等。学生要利用课余的时间去练习，也要整组表演的学生都集中在一起才能开展，没有专业的指导，所以要花比较多的时间去完成好一个角色扮演。

4.3.2　案例1：数控机床操作

案例选择思想：数控技术要求学生每人动手操作机床加工零件，在操作机床前、操作机床过程中、完成零件加工后都需要规范操作机床的行为准则，因此可以引入角色扮演教学法，让学生身临其境,判断哪些做法是对的,哪些做法是有危险的。这样可以有效地规范学生操作机床的行为。

1. 设计角色

教师行为	学生行为	设置意图
① 课前认真备好课 ② 根据课堂的内容设计好角色。例如安排几个学生扮演操作行为不当的人,剩下的学生观察并找出哪些行为不当 ③ 布置好场景,准备好扮演工具	提前预习课本内容	在此过程中,教师通过设计角色,让学生从表演中观察操作机床是否恰当

2. 确定角色

教师行为	学生行为	设置意图
① 教师先把通过扮演的方式完成这次课的想法告诉学生,并且说明有怎样的角色 ② 说明每个角色需要达到一个怎样的要求 　a. 学生扮演披头散发的操作者站上操作机床 　b. 学生手上戴着有吊坠的绳子去操作机床 　c. 学生在起动机床时没有对刀 　d. 学生在操作过程中擅自离开机床,而机床旁无他人照看 ③ 课后要关注、了解学生的练习扮演情况,并给予相应地指导	① 学生根据教师设定的角色,选择角色进行扮演 ② 可以想象除了教师提供的角色还有哪些角色可以扮演,如在机床起动的过程中操作的学生没有把机床的门关上等 ③ 确定自己扮演的角色之后要利用课后的时间进行练习,同学间也可以相互试着模拟扮演,提高扮演质量 ④ 同学间讨论	学生进行角色扮演,首先能够让学生对本节课的内容加深理解,更容易掌握,记忆更加牢固。且学生利用课后时间相互讨论,可联络感情,也在准备扮演的过程中提高了学生的创新能力、表演能力

3. 角色扮演

教师行为	学生行为	设置意图
① 在扮演前再次说明角色的扮演者和对各个扮演者的要求 ② 让学生各自准备好扮演用的工具 ③ 注意观察每个学生的行为,扮演是否恰当,过程中如果发生有意外情况,如学生忘记操作等情况要给予相应地提示 ④ 记录学生的扮演情况,留待总结	① 检查扮演工具 ② 根据自己的角色开始扮演 ③ 在遇到意外情况时首先要镇定,实在记不起来要尝试随机应变或找教师帮助	将学生对课堂内容的理解通过扮演的方式表现出来,加强学生的记忆,锻炼了学生的创新、表演能力,也能让学生提早适应考试或者以后的实操面试

4. 交流评价

教师行为	学生行为	设置意图
① 角色扮演结束后,让当观众的学生对扮演者进行点评,如语言、操作等,并且说明哪方面操作不当,找出操作错误的地方,进行改正 ② 让扮演者也做出自评,并谈谈扮演的感受,从中有什么体会	① 观众说出扮演者哪方面操作不当,如上机床应该把头发盘起,戴帽子,手上不能戴有吊坠的东西,起动机床加工零件前要对刀等 ② 扮演者自评,如通过扮演让我更加深刻地记住:机床在操作过程中机床前不能没人,要留意机床的情况,如断刀、零件加工与实际不符等要及时停止并告知老师等	通过尝试扮演,让学生对机床操作有更深刻的认识,知道哪些操作正确,哪些操作错误,以后操作机床时会正确操作

5. 角色总结

教师行为	学生行为	设置意图
① 对学生的点评进行总结 ② 谈谈自己作为观众的感受 ③ 评价学生的扮演	认真听教师的点评，对做得好的要学习，对做得还不够好的要提高	通过教师的总结，能让学生更加清楚地认识到自身的不足和长处，对以后也是一种经验的积累

应用拓展：角色扮演教学法在机械类的课程应用中还可用于金工实习、钳工实习、现场考证模拟、工程材料实验操作等学习中。

查看相关教学法案例请扫描下方的二维码：

4.3.3 案例2：连接电路

案例选择思想：在中职电类课程中，内容最多的即电路。在实验操作中，很多学生会忘记电路的接法，如正反向、元器件的特性需要的固定接法等。因此在连接电路中引入角色扮演法，不仅使得原本枯燥的知识变得生动、形象，而且也可以让学生通过扮演的方式对知识印象更深、记得更牢。

1. 设计角色

教师行为	学生行为	设置意图
① 课前认真备好课 ② 根据课堂的内容设计好角色，如把学生分成几个组，一部分学生连接电路，一部分学生观察电路，找出连接错误的地方并加以纠正 ③ 布置好场景，准备好扮演工具	提前预习课本内容	在此过程中，教师通过设计角色，让学生从表演中感受考场的心态，甚至为以后的面试实操技能提供一个锻炼的平台

2. 确定角色

教师行为	学生行为	设置意图
① 教师先把通过扮演的方式完成这次课的想法告诉学生，并且说明有怎样的角色 ② 说明每个角色需要达到一个怎样的要求 　a. 在电路中正向接入一个稳压二极管 　b. 在电路中反向接入两组电池 　c. 用万用表测二极管时红表笔接二极管负极，黑表笔接二极管正极 　d. 一个电路需要220V电压，但在电路中接180V电压 　e. 一个灯泡的功率是60W，但在电路中接入的功率小于60W等 ③ 课后要关注、了解学生的练习扮演情况，并给予相应地指导	① 学生根据教师设定的角色，选择自己喜爱的角色或者可以锻炼自己的角色进行扮演 ② 可以想象除了教师提供的角色还有哪些角色可以扮演，如连接晶体管放大电路，发射结反偏，集电结正偏 ③ 确定自己扮演的角色之后要利用课后的时间进行练习，同学间也可以相互试着模拟扮演，提高扮演质量，不懂的可以问教师 ④ 同学间讨论	学生选择自己擅长的角色进行扮演，首先能够让学生对本节课的内容加深理解，更容易掌握，记忆更加牢固。且学生利用课后时间相互交流，可联络感情，也在准备扮演的过程中提高了学生的创新能力、表演能力

3. 角色扮演

教师行为	学生行为	设置意图
① 在扮演前再次说明角色的扮演者和各个扮演者的要求 ② 让学生各自准备好扮演用的工具 ③ 注意观察每个学生的行为，扮演是否恰当，过程中如果发生意外情况，如学生突然忘记台词、忘记问题、忘记操作等情况要给予相应地提示 ④ 记录下学生的扮演情况，留待总结	① 检查扮演工具 ② 根据自己的角色开始扮演 ③ 在遇到意外情况时首先要镇定，实在不起来要尝试随机应变或者找教师帮助	将自己对课堂内容的理解通过扮演的方式表现出来，加强学生的记忆，锻炼了学生的创新、表演能力，也能让学生提早适应考试或者以后的实操面试

4. 交流评价

教师行为	学生行为	设置意图
① 角色扮演结束后，让当观众的学生对扮演者进行点评，如语言、操作等，并且说明哪方面操作不当，找出电路连接错误的地方，进行改正 ② 当考官与考生的学生也对自己的扮演做出自评，并谈谈扮演的感受，从中有什么体会	① 扮演观众的学生对扮演者点评。例如，电路中应反向接入稳压二极管，测二极管时万用表红表笔接正极，黑表笔接负极等 ② 扮演者自评。例如通过扮演知道了在连接电路时要注意连接元器件所需要的电压、功率，否则元器件不起作用；放大电路中，发射结应正偏，集电结应反偏等	通过尝试扮演，让学生对电路连接的正确与错误有了一定的认识，更高效率地学习知识。同时也提高了学生的表达能力、应变能力、欣赏能力

5. 角色总结

教师行为	学生行为	设置意图
① 对学生的点评进行总结 ② 谈谈自己作为观众的感受 ③ 评价学生的扮演	认真听教师的点评，对做得好的要学习，对不够好的要提高	通过教师的总结，能让学生更加清楚地认识到自身的不足和长处，对以后也是一种经验的积累

应用拓展：角色扮演教学法在中职电类课程中还可用于电路连接、各种实验等。

思考与练习

一、填空题

1. 在角色扮演过程中，教师往往是_____，学生是_____。
2. 角色扮演教学法的特点有_____、_____、_____、_____、_____。
3. 角色扮演法是以_____为基础的一种教学模式，具有一定的社会性、实用性。

4. 情景可分为_____和_____。

二、选择题

1. 角色扮演中，起到关键作用的是（　　）阶段。
   A. 设计角色　　　B. 确定角色　　　C. 角色扮演　　　D. 总结角色扮演
2. 目前角色扮演教学法中，还存在（　　）的不足。
   A. 应用面不广　　B. 把握难度大　　C. 扮演工作量大　　D. 学生兴致不高
3. 角色扮演是一种以学生发展为本，把（　　）培养置于重要地位的学习方法。
   A. 表演精神　　　B. 主动精神　　　C. 创新精神　　　D. 自觉精神

三、判断题

1. 角色扮演教学法中，课堂成为学生的舞台，学生变为表演者，并根据兴趣及能力不同，饰不同角色，教师退居幕后，成为导演。（　　）
2. 角色扮演的目的是激起学生的兴趣，变被动接受为主动学习。（　　）
3. 共同性原则就是让学生共同表演一个角色，体现了教育教学的公平性原则。（　　）

四、简答题

1. 什么叫角色扮演教学法？

2. 在角色扮演教学法中，教师的职责是什么？

4.4　尝试教学法

4.4.1　教学法理论

应用情境：在机械加工或机械制图等课程中，往往会把问题或作业分配给学生，让学生自己解决问题或完成作业。例如机械光轴的加工再到阶梯轴的加工，机械制图中圆弧的画法再到圆与圆之间圆弧的连接等，利用尝试教学法使学生先去尝试解决问题，这样能加深学生对知识的理解和扩展。

1. 概念

尝试教学法（简称尝试法）就是指老师先提出问题，让学生在旧知识的基础上尝试练习，在尝试的过程中指导学生自学课本，引导学生讨论，然后教师根据学生在尝试中存在的问题进行有针对性地讲解。

2. 起源

1980年，江苏省常州市教育科学研究院的邱学华教师根据"先练后讲"的思想，在常州市劳动中路小学数学教学中开始实验，逐步形成尝试教学法的操作模式。1982年，他在《福建教育》刊登论文进行尝试教学法的实验分析，引起了教育界的关注和效仿。从1985年开始,全国协作区尝试教学法研讨会每一年或两年举行一次,有力地推动了尝试教学法在全国的推广、应用。1988 年,邱学华根据来自全国各地的实践资料写成专著《尝试教学法》,获得全国首届优秀教育理论著作奖和江苏省教育科研成果一等奖。尝试教学法引起国外教育界的关注,1986 年,日本佐藤三郎教授将此法编入《世界有特色的教学方法》一书。尝试教学法问世以来,影响已遍及全国,发展极快、规模极大。目前,尝试教学法已经被广泛应用,上海市浦东新区的职业学校自 2009 年起以商贸类专业为试点,将邱学华老师提出的"尝试教学法"引入到专业学科的课堂教学中。通过两年多的探索和实践,逐步推广到旅游服务、现代制造等专业,为专业课的课堂教学注入了新鲜的血液,为提高职业教育专业课堂教学的有效性提供了方法依据和实践经验。

3. 特点

尝试教学法的成功必须充分发挥六方面的作用:学生的主体作用、教师的主导作用、教科书的示范作用、旧知识的迁移作用、学生之间的互补作用及师生之间的情意作用。可见,尝试教学法有以下特性。

(1) 主体性　首先,尊重学生,注重充分发挥学生的主观能动性。其次,依靠学生,注重引导学生直接完成一系列学习活动,以发挥其主体作用。再就是信任学生,注重用足够的时间和空间,让学生自主学习和发展,以确立其主体地位,做学习的主人。

(2) 探索性　在学习过程中,教师科学地设计问题,适时地对学生引线搭桥、帮助探索,让学生在探索的长河中,劈波斩浪、奋勇前进,直到登上成功的彼岸。

(3) 引导性　教师要立足于主导地位,肩负起教师的责任,要积极施教、应变有术、引导有法,这样才能实现教学目标,创造教学最佳境界。

4. 实施过程

图 4-6 所示为尝试教学法实施过程。

图 4-6　尝试教学法实施过程

(1) 布置任务　布置任务属于尝试教学的准备及开始阶段,包括课前准备、准备练习和出示尝试题。

1) 教师备课,学生预习。

2) 准备练习。这一步是学生尝试活动的准备阶段。出示尝试题不能太突然,应该采用"以旧引新"的办法,从准备题过渡到尝试题,发挥旧知识的迁移作用,为学生解决任务铺路架桥。

3) 出示尝试题。尝试题一般应与课本中的例题相仿,同类型、同结构,这样便于学生通过自己阅读课本去解决。尝试题出示后,教师应激发学生的兴趣,提出启发性的问题,鼓励学生。

(2) 学生尝试　学生尝试是尝试教学的重要部分,包括自学课本、尝试练习和学生讨论,这时学生是主体,老师主要起引导的作用。

1) 自学课本。自学课本为学生在尝试活动中解决问题提供信息。出示尝试题后,学生产生了解决问题的愿望,这时阅读课本就成为学生的需要。阅读课本前,教师应引导学生通过阅读书上的例题举一反三来解决尝试题,也可适当提一些思考问题做指导。学生带着问题自学课本,积极性强,目标明确,要求具体,效果好。自学课本时,教师要鼓励学生质疑问难。

2）尝试练习。通过自学课本，大部分学生对解答尝试题有了办法，都跃跃欲试，就可以开始尝试。全班学生同时练习，一般选好、中、差三个学生板书。教师要巡视，及时了解学生尝试练习的情况。学生练习时，可以继续看书上的例题，边看边做，同桌学生之间也可以互相讨论。

3）学生讨论。尝试练习后，可能一部分学生做对了，一部分学生做错了。教师根据三类学生板书的情况，引导学生讨论对错，板书的学生可以讲讲为什么这样做，不同看法可以争论。这有利于发展学生的口头表达能力及分析推理能力，且引起学生追求正确答案的兴趣。

（3）教师讲解　这一步可以确保学生系统掌握知识。有些学生会做尝试题，可能是按照例题依样画葫芦，并没有真正弄懂道理。因此在学生尝试练习以后，教师还应进行讲解。这里的讲解同传统的方法不同，教师不必什么都从头讲起。因为这时学生已通过自学课本，并做了尝试题，对这部分的教学内容已经有了初步的认识。教师只需针对学生感到困难的地方、教材关键的地方重点讲解。一般采用评讲尝试题的办法，哪个学生做对了，哪个学生做错了，做错的原因。这样讲解针对性强，学生容易接受，讲解时要注意运用直观教学手段或电化教育手段。

（4）学生再尝试　在第一次尝试练习中，有的学生可能会做错，有的学生虽做对了但没有弄懂道理。经过学生讨论和教师讲解后，得到了反馈、纠正，其中大部分学生会有所领悟。为了进一步了解学生掌握新知识的情况以及把学生的认识水平再提高一步，应该进行第二次尝试练习，再一次进行信息反馈，这一步对中差生特别有利。第二次尝试题不能与第一次尝试题相似，一般要与教科书上的例题稍有变化，或者采用题组形式。第二次尝试练习后，教师可进行补充讲解。

（5）教学评价　教学结束之后，教师可以指导学生自评、互评，评价各同学在尝试过程中的优劣，也可以通过课后作业、测试等来评价教学效果，进行反思和改进。

5. 教学法运用原则

（1）教师要实现角色变换　教师要转变角色，让学生充分参与课堂教学活动、充分表现自己的才能、充分发挥自己的个性，真正成为课堂上的主人。尝试教学法所指的尝试活动包括两个要素：学生的尝试和教师的指导。这两个方面是互相依存、紧密联系的，学生的尝试以教师的指导为前提，教师的指导以学生的尝试为目标。教师的指导绝不是包办代替，而是根据学生的年龄特点和认识规律，根据教材特点和教学要求，为学生的尝试创设条件。

在学生尝试前，教师要认真制订课时计划。确定学生尝试的步骤，编拟准备题和尝试题，指导学生自学课本，要设计指导语或提出自学思考提纲。学生尝试中，教师必须巡回指导，了解学生的尝试情况，特别对差生要进行个别辅导，帮助他们完成尝试任务。在学生尝试后，教师可以组织学生讨论，启发学生判断尝试的正误，对正确的答案进行强化，对错误的答案进行纠正。根据学生尝试练习的情况，教师针对学生感到困难的地方、教材关键的地方进行重点讲解，以确保学生系统掌握知识。

（2）教学形式要灵活、多样　实行尝试教学法的过程中，教学形式要灵活、多样，根据教学需要，走向更广阔的学习空间，采用更加现代化的教学形式，如投影教学、电视教学、多媒体教学等，开阔学生视野，激发学生学习的兴趣，使学生由"要我学"转变为"我要学"的学习心理。

6. 教学法评价

（1）优点

1）有利于培养学生的探索精神和自学能力，促进智力发展。尝试教学法冲破了注入式教学方法的束缚,大胆地让学生自己去尝试练习。这样从小培养学生尝试的精神,长此以往,逐步形成一种敢于探索的精神。使他们对于不懂的事物、不会做的工作都能有尝试的精神,这种敢于尝试和探索精神是极其可贵的。教育潜移默化的作用是强大的,一定的教学方法对形成学生的思想方法和习惯会产生很大影响,注入式的教学方法会使人因循守旧、唯唯诺诺。尝试教学法一改过去学生依赖教师的全盘授予和灌输的被动地位,而是让学生主动地尝试,在尝试中主动参与知识的形成过程,从而培养学生的自主意识、参与意识、探索意识和创新意识。

2)有利于提高课堂教学效率,减轻课外作业负担。使用注入式教学方法,教师讲课占去了一堂课的大部分时间,留给学生练习和思考的时间不足。尝试教学法一开始就向学生提出问题,让学生自己先尝试一番,在这基础上教师再有的放矢地重点讲解。这样做花时少,效果好,提高了课堂教学效率。应用尝试教学法后,课堂上教师讲解时间减少,学生练习时间增多,学生作业基本上能够当堂完成,不必布置很多课外作业。

3)有利于中差生的提高。有些教师以为中差生理解能力差,总把材料嚼细喂给他们。越这样,他们就越不肯动脑筋,越觉得没有兴趣,越无法提高学习成绩。尝试教学法先让学生尝试练习,使中差生及早发现困难在哪里,然后听教师讲解,更容易接受。学会看书、学会思考,这正是中差生最缺乏的东西。尝试教学法能引导学生主动地自学课本,促使他们进行思考,恰好能对症下药,解决中差生的根本问题。

4)易于教师学习、使用。尝试教学法的教学思想明确,操作模式具体、清晰,广大教师易学、易用,具有很强的适应性。它不仅适用于城市学校,而且适用于农村山区学校和少数民族地区学校。不论有经验的老教师,还是年轻的新教师都能学习、应用。

(2)不足之处

1)应用尝试教学法,学生要有一定的自学能力。自学能力是逐步培养起来的,对于自学能力差的低年级学生及个别学生,在尝试过程中无法自主阅读课本、完成任务,容易产生自卑等消极心理,影响学习。

2)对于初步概念的引入课,不适用尝试教学法。尝试教学法的一个重要的要素就是旧知识的迁移作用,刚刚开始接触的时候,学生面对全新的事物难以自行尝试,如果盲目采用,反而弄巧成拙。

3)实践性较强的教学内容不适用尝试教学法。教学中要强调学生动手操作的教学内容,通常就是一个单独的项目,难以找到类似的准备题、尝试题,达不到渐进的教学效果。

(3)运用中应注意的问题 使用尝试教学法贵在灵活。灵活,才能求实效;灵活,才能有所创新。

1)灵活反映在根据实际建立尝试教学法的模式。尝试教学法有一定的教学模式和步骤,但在使用的时候切忌机械搬用,可以根据教学需要适当增删部分步骤。

2)灵活还体现在与其他教学方法的融合,一堂完整的课,有时需要采用多种教学方法。提倡一种教学法不应排斥另一种教学法,它们之间不是对立的,而是互相结合、互相配合、综合运用。以尝试教学为主,结合练习法进行教学,精力放在引导学生自学、尝试、讨论、评议上,效果更佳。而对于全新型的起始教材内容,则着眼于使学生理解、掌握教材的重点,为进一步学习打好基础,则采用以教师启发、讲解的讲解法为主进行教学,可取得良好的教学效果。

4.4.2 案例1:机械制图之圆与圆弧连接手绘

案例选择思想:机械制图是一门专业基础课,对于中职机械类专业的学生尤为重要,需要

第 4 章 其他教学法

学生掌握基础理论知识的同时，学会绘图。圆与圆弧连接这一知识点，含有一定的规律和技巧，如果采用常用的教学法，如讲授法进行讲解，教师讲授得吃力，学生学习得也吃力。采用尝试教学法，让学生在绘制圆弧等相关知识的基础上，通过尝试绘制简单的圆弧连接自行发现规律，教学效果更佳。

1. 布置任务

教师行为	学生行为	设置意图
① 教师搜索相关材料，写教案 ② 提问"圆弧的绘制方法有哪些？" ③ 提出与书中例题相似的尝试题，要求学生自行阅读书本例题，尝试完成图 4-7 的绘制	① 预习 ② 回答问题，回忆圆弧绘制知识点 ③ 明确尝试题的题目要求	① 先从以往知识点"圆弧的绘制方法"导入，让学生在一定的知识准备下提出尝试题，更容易进入状态 ② 不是一开始就直接告诉学生圆弧连接的绘制方法，而是让学生自行探索，吸引学生的兴趣，同时提高学生的学习能力

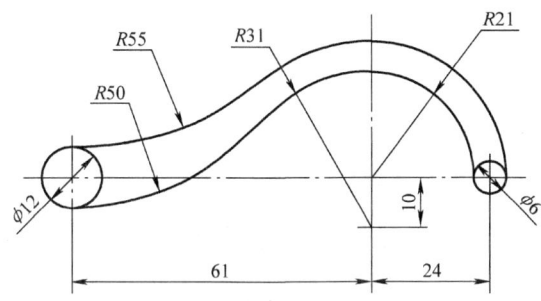

图 4-7　圆弧连接尝试题图

2. 学生尝试

教师行为	学生行为	设置意图
① 引导学生阅读例题，回答学生提出的疑问 ② 巡视学生绘制的情况，并提示相对落后的学生，协助完成尝试题 ③ 参与学生之间的讨论，给出适当的意见和建议，鼓励学生热烈讨论，同时维持纪律	① 学生自行阅读课本中有关圆弧连接的内容 ② 学生在分析例题的基础上，尝试绘制图 4-7 ③ 学生在基本完成绘制后，相互交流、讨论，判断对错 ④ 学生上台进行简单的演示	① 提高学生的学习积极性、自主学习的能力，让学生作为学习的主体 ② 提高学生的口头表达能力，营造相互学习、相互提高的良好学习氛围 ③ 在尝试中学习、发现问题，更能发现学生的学习难点

3. 教师讲解，学生再尝试

教师行为	学生行为	设置意图
① 评价学生的表现，给出正确解答 ② 讲解主要知识点，重点讲解学生出现误区较多的知识领域 ③ 给出一道类似的题目，如图 4-8 所示，让学生再次尝试。可以堂上完成，也可以作为课后作业 ④ 在学生完成图 4-8 的绘制后可根据实际情况再进行简要的讲解	① 认真听讲，纠正自己的错误，深化知识点，记好笔记 ② 明确再尝试题目的要求 ③ 完成图 4-8 的绘制	总结、评价整个尝试过程，纠正错误、巩固知识，达到"授人以渔"的教学效果

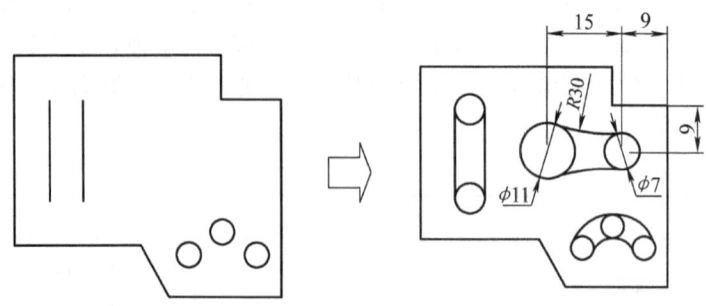

图 4-8　圆弧连接再尝试题图

应用拓展：对于有一定规律或一定规范的机械知识，如机械制图，它包含了大量的绘图技巧。例如确定视图表达实体的方案，当中也有一定规范要求，如标准件的绘制等。又如机械加工工艺，在学习制订加工工艺过程中，包含了大量文件书写的规范、方案选取的原则等相关知识，这类知识点讲授起来比较枯燥，但是通过学生自行探索，可以更快、更好地掌握规律和规范，在有了一定的知识基础后，采用尝试教学法进行学习，可以达到更好的教学效果。

4.4.3　案例 2：三相异步电动机的起动控制

案例选择思想：三相异步电动机的相关知识点是机械类专业学生的专业基础知识，三相异步电动机的起动控制的形式多，知识点逐步加深，开始学习的内容包括点动控制、自锁、正反转，属于规律发现的范畴，采用尝试教学法，让学生在观看图片、视频过程中自行发现规律，能使学生更加深刻地理解其工作原理，并掌握电动机控制原理分析的大致思路，在掌握本节课知识点的同时，掌握学习方法，为以后知识的学习打好知识和能力的基础。

1. 布置任务

教师行为	学生行为	设置意图
① 教师搜索相关材料，写教案 ② 观看三相异步电动机点动控制电路图（图 4-9），并提问："线路上有哪些元件，各有什么作用？" ③ 观看三相异步电动机点动控制原理、效果动画，完成尝试题	① 预习 ② 回答问题，认真观察图片，找出相关的元件并回忆它们的作用 ③ 认真观看动画，明确尝试题的要求	① 以图片让学生快速明确电路组成，进入状态 ② 让学生带着问题自行探索，吸引学生的兴趣，同时提高学生的学习能力

尝试题：完成点动控制的工作原理的补充

按下 QS→?→?→?→电动机转动→?→?→?→电动机停止

第 4 章 其他教学法

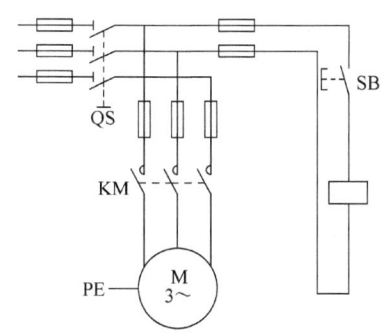

图 4-9　三相异步电动机点动控制电路图

2. 学生尝试

教师行为	学生行为	设置意图
① 允许学生重复观看视频，但不允许学生直接抄袭书上答案 ② 巡视学生解答的情况，并提示相对落后的学生，协助完成尝试题 ③ 参与学生之间的讨论，给出适当的意见和建议，鼓励学生热烈地讨论，同时维持纪律 ④ 挑选几个有代表性解答的同学板书他们的答案	① 学生自行阅读课本中相关内容，可反复观看视频 ② 学生在分析例题的基础上，尝试完成尝试题 ③ 学生在基本完成后，相互交流、讨论，判断对错 ④ 学生上台进行简单的演示	① 提高学生的学习积极性及自主学习的能力，让学生作为学习的主体 ② 提高学生的口头表达能力，营造相互学习、相互提高的良好学习氛围 ③ 在尝试中学习、发现问题，更能发现学生的学习难点

尝试题答案：按下 QS→按下 SB→线圈得电→KM 主触点闭合→电动机转动→断开 SB→线圈失电→KM 主触点断开→电动机停止

3. 教师讲解，学生再尝试

教师行为	学生行为	设置意图
① 评价学生的表现，给出正确的解答 ② 讲解主要知识点，重点讲解学生出现误区较多的知识领域 ③ 在完成点动控制的理解基础上，提出学生再次尝试自己观看三相异步电动机自锁控制电路图（图 4-10）、原理动画，同理找出多了哪些元件，主要有什么作用，完成再尝试题 ④ 在学生完成题目后应根据实际情况再进行简要的讲解	① 认真听讲，纠正自己的错误，深化知识点，记好笔记 ② 明确再尝试题的要求 ③ 学生完成题目，就基本了解三相异步电动机自锁控制原理了	深化点动控制原理，纠正错误，同时让学生用刚刚的学习方法学习自锁原理、巩固知识，达到"授人以渔"的教学效果

再尝试题：完成自锁控制的工作原理的补充

按下 QS→按下 SB2→线圈得电→ {?, ?} →电动机转动→ 断开 SB2→KM 辅助触点?→ 线圈?→KM 主触点?→电动机?→ 断开 SB1→?→?→电动机停止

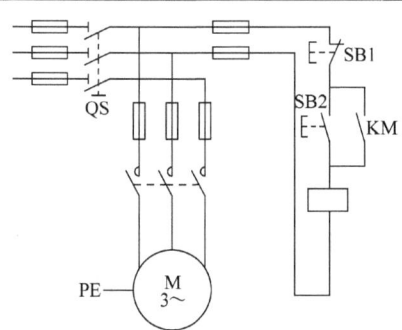

图 4-10　三相异步电动机自锁控制电路图

（续）

再尝试题答案：按下 QS→按下 SB2→线圈得电→ ┌→KM主触点闭合 ┐ →电动机转动→ 断开 SB2→KM 辅助触点处于闭合
└→KM辅助触点闭合 ┘
→ 线圈持续得电 →KM 主触点持续闭合→电动机持续转动→断开 SB1→线圈失电→KM 主触点断开→电动机停止

4. 教师总结、评价，布置思考题

教师行为	学生行为	设置意图
① 评价学生的表现，给出正确的解答 ② 在学生完成题目后应根据实际情况再进行简要的讲解 ③ 布置思考题：思考图 4-11 所示三相异步电功机的正反转控制原理。可以先播放相关的动画	① 认真听讲，纠正自己的错误，深化知识点，记好笔记 ② 明确思考题的要求	总结、评价整个尝试过程，布置思考题，继续激发学生的学习热情

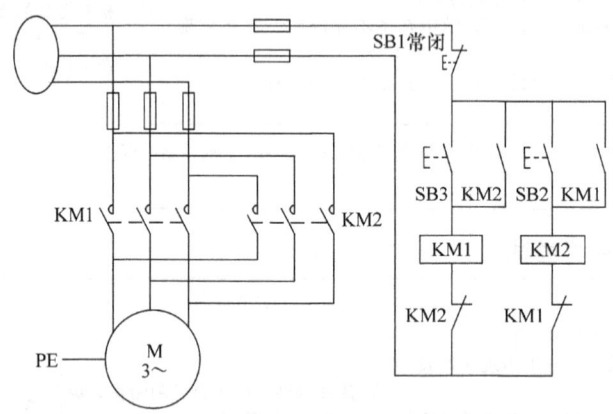

图 4-11　三相异步电动机正反转控制电路图

应用拓展：尝试教学法适用于规律相似，而且规律比较容易发现和归纳的电类知识，如串联与并联电阻的等效电阻的计算、星形联结和三角形联结电压、电流的计算等，这类知识点相对于教师灌输，学生通过自行尝试、摸索得出，其脑海里更容易形成举一反三的关联思想。

思考与练习

一、填空题

1. 尝试教学法是江苏省常州市教育科学研究院的教师_____研究、开发的。
2. 尝试教学法具有_____、_____、_____的特点。
3. 尝试教学法的实施过程包括_____、_____、_____、学生再尝试、教学评价。

二、选择题

1. 属于运用尝试教学法的原则有（　　）。

   A. 教师要实现角色变换　　　　　　　B. 要严格按照尝试教学法的教学流程
   C. 一旦采用尝试教学法，必须一直沿用　　D. 学生自行尝试时教师应保持沉默

2. 下面对于尝试教学法描述错误的是（　　）。

A. 实际"先练后讲"　　　　　　　　B. 以学生为主体
C. 在练习后教师要从头到尾对知识进行讲解　D. 可以培养学生的自学能力

3. 下列不属于尝试教学法的不足之处的是（　　）。

A. 应用尝试教学法，学生要有一定的自学能力

B. 对教师要求高

C. 对于初步概念的引入课，不适用尝试教学法

D. 实践性较强的教学内容不适用尝试教学法

三、判断题

1. 尝试教学法所指的尝试活动包括两个要素，即学生的尝试和教师的指导。（　　）
2. 使用尝试教学法贵在灵活。（　　）
3. 尝试教学法过程中，学生依赖教师的全盘授予和灌输。（　　）

四、简答题

1. 简述尝试教学法的步骤。

2. 简述尝试教学法的优、缺点。

3. 简述尝试教学法应注意的问题。

本章理论知识在线学习请微信扫描下方二维码：

第 5 章　教学组织管理

5.1　中职学生心理特征分析及对策

5.1.1　中等职业技术学校学生的心理特点

中等职业技术学校招收的一般都是初中毕业的学生，尽管近年来中等职业技术学校的招生政策改革之后，生源日益多样化，包括在社会工作多年的成年人也可能进入中等职业技术院校学习，但初中毕业即进入中等职业技术学院的学生仍然是主体。这就决定了中职生是一个年轻、充满活力的群体，他们正处于青春发育时期，心理逐渐成熟。

他们就读学校的性质又决定了他们比很多同龄人要更早地走入社会，成为一名劳动者，更早地感受到来自社会的影响和压力。这使他们具有独特的心理特点。

首先，思维能力发展迅速。中职生智能发展迅速，其推理能力得到了快速发展，处于基本成熟阶段，但辩证思维能力还没有得到完全发展。他们对一些问题的思考可能片面或不客观，尤其是对各种抽象的原则如公平、正义、忠诚等往往缺乏成熟地认识。

其次，自我意识增强。对自我的评价越来越从具体评价转向抽象评价，对自己的个性特征有更加强烈地追求，同时也非常渴求他人对自己的关注。

第三，情绪控制能力进一步提高。中职生在情绪控制方面明显不同于儿童时期的外露、冲动、易变和肤浅，自控能力有了进一步增强，但行为的情绪化色彩较重。这个时期的男同学常常表现为沉默、冷淡。

第四，有了更高层次的精神需求。中职生喜欢参加各种课外兴趣爱好活动，但其参加这些活动的目的很少是游戏和娱乐，而是抱有一定的目的，由直接兴趣向间接兴趣过渡。开始对哲理、修养等方面的书籍感兴趣，开始明白自己对家庭和社会的责任。

第五，亲子关系疏离，开始建立自己的活动圈子。中职生在与父母的关系上表现出了更加独立的意识，在对不同事物的认识上更加强调自己的不同认识。与其相对应的是，中职生更愿意参加一些小团体的活动，渴望友谊，同时对异性之间的交往开始发生兴趣。

总体来讲，中职生处于心理发展逐渐成熟的时期，个性特点和品德结构基本定型，其品德发展、思想观念、知识能力和兴趣爱好具有多样性特征，他们总体上能够认识到自己对个人、家庭和社会的责任，能够成为优秀的劳动者。虽然整个社会都非常重视职业教育，但在当前的社会大环境下，报考职业院校特别是中等职业学校的学生，一般都是学习成绩处于中下水平、没有被普通高中录取的学生。

再加上中职生恰逢青春期，正是生理和心理发育时期，心理发育不成熟、不稳定。社会大环境和学生的心理发育的阶段性，使其易于产生心理偏差和心理问题，导致学生管理工作中的困难，这些问题主要表现在如下几个方面。

1. 具有强烈的逆反心理

由于很大一部分学生从来就没有得到过老师的表扬和家长的肯定，导致部分中职学生强烈逆反，他们经常喜欢惹事、破坏纪律。中等职业院校的学生抽烟、酗酒的比例要远远高于普通高中，聚众斗殴的事件也时常发生。

2. 不能恰当地处理人际关系

中职生往往崇拜英雄，对拜把子结交兄弟非常热衷，因此常常拉帮结伙，形成小团体，有的甚至与社会上的不良青年勾结。男女同学之间关系超越正常界限，有早恋现象。

3. 有强烈的自卑心理

社会上普遍存在好高骛远的浮躁心态和对高学历的追求，使得报考职业院校学生往往学习成绩不太理想。很多学生认为进入职校就意味着人生的失败，因而自信不足，看不起自己。

4. 厌学现象突出

中职学生中普遍存在厌学现象，逃课、考试作弊等时常发生。中职学生厌学的原因主要如下。

1）学生文化基础差，听不懂所学的课程。现在中职院校在招生过程中已经不再经过统一的考试进行择优录取，而是采取登记就读的方式，这导致学生的文化基础参差不齐，少数学生文化基础很差。

2）很多中职院校的学生对自己的身份缺乏认同感。中职院校的学生一般是中考失利之后不得已进入中职院校的，并不为自己进入中职学校感到自豪，他们一般是迫于家长的要求而进入职业院校。一些家长不愿意或根本管不了自己的孩子，把孩子当作包袱。这就导致了他们对学习抱有无所谓的态度，不思进取、得过且过，学习兴趣丧失。

5.1.2 主要对策

中职学生心理特点的表现，归根结底是非智力因素形成的不足。因此，除了要注意开发他们的智力因素外，更要注重培养和发展他们良好的非智力因素，让这两种因素在一个统一的教育教学过程中交织地发展起来，相互作用、相互促进，形成一种心理活动的良性循环，以达到提高教学质量和促进全面发展的目的。

1. 加强学习目的教育，提高学生对当前学习的认识

学习是学习者有意义的探究行为，学习过程是学生基于自我意识、兴趣、态度、价值观的自我构建过程。采用生动、适合学生心理发展水平的内容和方法，把学习目的与生活目的教育联系起来，就可以成功地培养学生的学习兴趣。结合中职学校的就业指导和职业指导，不断向学生发布社会用工信息，将各专业、各工种毕业生就业情况及时反馈给学生，让学生了解中等技术人员在社会经济建设和发展中的需求和地位。引导学生把国家、社会、个人的需要结合起来，在了解自己的能力、特长、兴趣和社会就业条件的基础上，确立自己的职业志向，为职业岗位的选择做准备。使学生认识当前学习的意义，有明确的学习目的和学习目标。

2. 培养学生的求知欲，激发他们的学习兴趣

托尔斯泰说："成功教学需要的不是强制，而是激发学生的学习兴趣"。求知欲是学习动机中最现实、最活跃的部分，它表现为力求认识世界，渴望得到文化科学知识和不断探求真理而带有情绪色彩的意向活动。因此，学校要经常将以往毕业生的工作业绩以及事业成功的范例讲给学生听，并在有条件的情况下将他们请回来现身说法。结合学生的实际表现，对不正确的学习动机和学习态度予以否定，使学生自觉打破陈旧的人才观，重新认识自我，逐步形成正确的学习动机和学习态度。还可举行适合学生认识水平的专业技术预测与发展的报告会，以此来开阔学生的眼界，鼓舞学生，增强他们的求知欲，提高他们的专业兴趣和职业志向。使学生

"学会学习,努力学习"成为自主需要。

3. 着重培养学生坚强的意志,增强克服困难的信心,形成学生良好的个性品质

意志力是非智力因素的核心,它体现为做事是否能坚持,面对困难是否坚强,学习中能否有坚韧不拔的精神。发明家爱迪生说过:"伟大人物最显著的标志,就是他们有坚强的意志"。在人的行动中没有困难的存在难以体现意志活动,人的意志心理活动正表现在为达到一定目的而克服种种困难的行动中。困难的程度往往是衡量人意志品质高低的客观指标。培养学生的意志品质应从自觉性、果断性、坚持性和自制性四个方面入手。

1)自觉性是建立在对目的和行动认识的充分性和深刻性基础上的,表现了人做出决定和执行决定的高度觉悟和坚定性。教师应利用种种机会和场合,将正确的观念和思想用事实表达出来,让事实说话。使学生在大量事实面前自醒、自悟,从而自觉、自愿地修正自身的不良观念和行为,努力学习。

2)果断性以人的深思熟虑和勇敢为前提,表现为善于明辨是非,并且能准确地掌握时机,当机立断。在执行决定中发现错误、修正错误,果断性起着重要作用。要使学生树立自信,勇于开拓、积极进取,并具有创新品质,教师就应给学生足够的自主学习、思维、判断是非和处理事务的空间,让他们在学习、工作和生活中不断使自己的认识能力、学习能力、研究能力和为人处世能力得到锻炼,从而形成独立的人格,更加坚信自己,自觉磨炼自己的意志。

3)坚持性在自觉性的前提下,表现为人在意志行动中所具有的充沛精力和坚韧的毅力。教师应不断鼓励和关注学生的每一点成功和进步。大量实践表明,教师的高期望对学生是一种很好的精神鼓舞,它可以激发学生的成材动机,提高学生承受挫折和应对挫折的能力,使学生在学习和其他方面表现出顽强、不畏困难、不达目的不罢休的良好意志品质。

4)自制性表现为善于控制自己的情绪,约束自己的行为,这是在明确目的的调节下排除干扰的品格。教师对那些表现时好时坏、情绪不稳、自制力较差的学生要给予极高地关注,帮助他们度过意志的摇摆期和波动期,让他们切实体会到战胜自我的愉悦和不断提升自我的胜利。

总之,在推进中职校素质教育深入开展,促进职业教育改革的进程中,关注中等职业学校学生的心理特点,适时采取正确的教育教学手段,是提高中等职业学校教育教学质量不可忽视的重要工作之一。

5.2 教学组织管理技术

5.2.1 课堂问题论述

课堂问题可以由很多方面造成,从教师方面来讲,可能存在备课不充分,教学目标并没有结合学生实际等问题。然而从学生方面来讲,主要是学生厌学情绪势头有增无减,对课堂内容无学习兴趣,大部分上课不专心,心不在焉,两眼无神,有的玩手机(图 5-1),上课讲话(图 5-2),听 MP3,看课外书,老师干涉不听,反而顶撞老师;有的作业不认真完成,相互抄袭,全班作业就一个版本,有的晚间翻墙外出打游戏,白天上课就睡觉(图 5-3);有的学生经常无故旷课,迟到早退,东游西逛,无所事事;还有的学生课堂学习不认真,实训操作仍不想学,不愿做,袖手旁观。两年下来,知识和技能没学到,却染上一身的坏习惯。如此种种表现,给中职课堂的教学带来极大的麻烦,任课教师往往要用很多的时间和精力去维护课堂纪律,去制止学生不要做与课堂无关的事情,而不是用在如何组织教学内容上。

图 5-1　课堂上玩手机

图 5-2　课堂上交头接耳

5.2.2　课堂教学技巧运用

1. 坚持课改思想

教学改革思想的实质就是要还学生在学习中的主体地位，教师要转变自己在教学中的角色，变主体为主导，最大限度地调动学生学习的能动性，真正实现知识与技能、过程与方法、态度情感与价值观的三维培养目标。在以就业为导向人才培养模式指导下，职校教学改革要注重实践导向，要求教学与企业实践挂钩，注重学生的技能培养。作为

图 5-3　课堂上睡觉

中职学校的教师，要坚持将教学改革的思想渗入教学的每一个步骤和环节中去。在专业课的课堂教学中，要根据学校现有的条件，努力尝试先进的教学模式，如项目教学法、理实一体化教学法等。

电子技术中以简单直流稳压电源的教学为例，通常是先学习 P 型和 N 型半导体的形成，接着是 PN 结的形成，如图 5-4 所示，然后就是二极管的基本知识，如图 5-5 所示，还没有谈到二极管的应用，学生就已经对这门课程产生了恐惧，表现出各种懈怠的情绪。如果充分考虑中职学生的现实能力以及他们的学习目标，把授课思路改变一下，或许会有完全不同的课堂的效应。如在学生学习具体内容之前，教师可以把直流电源的作用告诉学生，因为电子系统的正常运行离不开稳定的直流电源，除了在某些特定场合下采用太阳能电池或化学电池作为电源外，多数电路的直流电是由电网的交流电转换来的，本单元要学习的就是最简单的能将交流电转换为直流电的电子电路。接下来，教师可给学生演示该电路的输入和输出结果，给学生一个感性的、先入为主的印象。然后把电路进行分解，让学生用示波器观测每一步的波形输出情况，用万用表测出电压的大小。让学生通过真实体验，唤起求知的欲望，课堂的气氛在不知不觉中就得到了很大地改善。

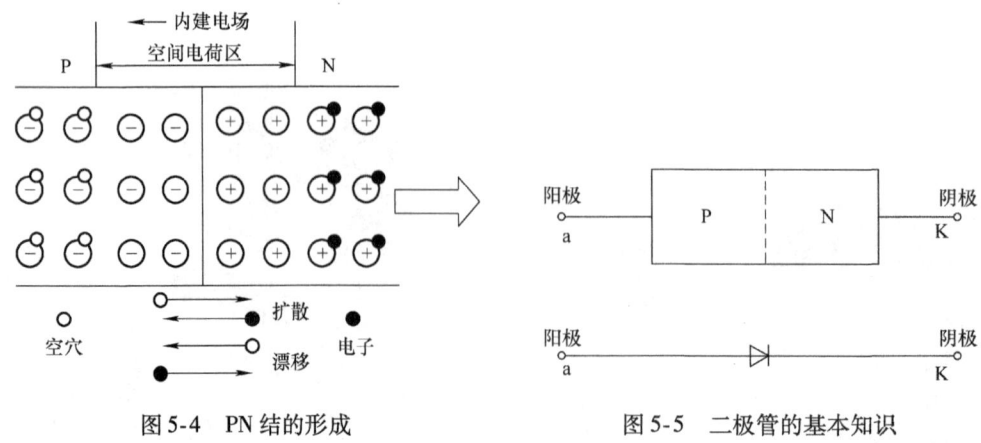

图 5-4　PN 结的形成　　　　　图 5-5　二极管的基本知识

2. 做好课前准备

（1）备教材　很多教师备课只备所教学科，或者只备一单元、一课时，对整个教材体系、每一册教学体系、单元与单元之间的联系不是很清楚，造成教学中的被动，对教学中可拓展的空间无法把握，上课放不开手脚。经常可以看到，当教学中出现"意外"，产生了富有价值的学习材料时，有些教师善于合理利用，也有些教师还是抱紧教案不放，置学生于不顾。教师的教学行为之所以有如此差异，同样受自身素质的影响。教师只有具备扎实的专业知识，才能根据学生的反馈情况及时调整预设的教学流程，才能真正促进学生主动发展。

（2）备学生　备学生，究竟要从哪些方面去备呢？怎样才能让每个学生都能投入到课堂呢？这就要充分地与学生交流沟通，了解学生的基础和兴趣、学习水平、学习能力，这样才能做到有目的、有方向，上课时就能很好地掌握节奏、驾驭课堂。

（3）备自己　备出自己的长处与不足。不是为了避重就轻，而是了解、认识自我的过程，更是发展培养自己的前提与准备；教师备自己是为充分发挥教师在课堂上的主导作用服务的，更是为确立学生在课堂上的主体地位服务的。所以在备教材、备学生的同时，也要备教师自己。

在讲解 45 钢的热处理过程这一章节，备课内容不仅是 45 钢的热处理步骤，还要了解 45 钢的特性、热处理方式等，还要考虑到怎样一个讲解方式和顺序才是学生较为容易接受的，对于自己不熟悉的内容也要查找相关资料并搞懂，了解可能存在的疑问及解决的方法。只有备课充分，才会使整个课堂产生较好的效果。

3. 掌控好课堂环节

（1）开课 10min，激发学生的学习兴趣　兴趣就是学习的最大动力，然而现在中职课堂中大部分学生都对自己的专业学习没有兴趣，以至于他们出现各种课堂小动作，影响课堂教学的效果。激发学生的学习兴趣，即激励学生主体的内部心理机制，调动其全面心理活动的积极性，这是调节好课堂秩序很重要的一步，那么，教师在课堂内容开始前或进行过程中就要考虑如何去激发学生对这一章节的学习兴趣。以下可提供一些激发学生学习兴趣的例子。

1）在磨床加工的章节教学时，通过创设学习情境，激发学生学习新知识的愿望，为学生设计了一个问题："如果现在要在一个铁块上去掉 0.5mm 厚的铁层，那么你可以选择使用锉刀、台虎钳，人工地将工件锉到要求的尺寸；你也可以选择使用磨床，通过设置对应的参数使磨床加工出要求的尺寸。那么，你会选择哪种呢？"通过上述问题引领学生进入本课的学习状态，引领学生带着问题去学习，并在学习中找到答案。创设学习情境的主要目的，是使学生在一个完整、真实的问题情境中,产生学习的需要,并与其他学生成员间进行互动、交流,即进行合作学习。凭借自己的主动学习、亲身体验完成从识别目标到达到目标的全过程。

2)在讲授工程力学优化章节的内容时,引入一些人们熟悉的楼房、桥梁等建筑物来激发学生学习的兴趣,如图5-6所示的广东九江大桥。教师在教学过程中,根据教学的内容,选用生动活泼、贴近学生生活的教学方法引起学生的兴趣,使学生产生强烈的求知欲。这样形象、生动的素材很贴近学生的生活。教师还可以安排既严谨又活泼的教学结构,形成热烈、和谐的课堂氛围,使学生积极主动、心情愉快地学习,充分调动学生学习的积极性和主动性。

图5-6 广东九江大桥

3)电工基础是电类专业重要的专业基础课,内容复杂,公式符号多。对于中职学生而言,学习起来非常困难,也提不起兴趣。为使学生变苦学为乐学,可结合教学内容插入一些名人轶事,增加学习趣味性。

(2)肢体语言,此时无声胜有声 教育教学过程中最重要的是沟通。沟通除了语言之外,还有肢体。老师一个亲切的微笑,一个关注的眼神,调整与学生之间适当的距离(如提较难问题时适当远距离,合作时近距离等),能有效地调节学生的情绪,激起学生的热情,从而提高课堂效率。从某种意义上说,教师就是一个传播知识的角色,如果能用活泼的肢体语言去打动学生的心,学生就愿意和老师亲近,老师的引导作用就能充分发挥作用。肢体语言教学的方法主要如下。

1)目光凝视。目视是非常有效的教室管理办法,也是营造良好教室气氛的方法。

2)身体靠近。当教师身体走进行为失序的学生身旁时,多数学生都能迅速回归正道,纵使教师是一言不发地走进。

3)身体姿态。学生可以很快地由教师的身体姿态解读教师的情绪与权威。

4)眼部表情。教师的脸上表情能够显示许多信息给学生,如奖赏、同意、反对等,都可以由此传递给学生。

5)手势示意。多样化的手势,正是一个有经验教师的重要法宝。

当然,教师在借鉴这些常用肢体语言时,应针对不同问题、不同情况、不同的风格,抓住时机去启发、去赏识、去激励、去反思,才能充分发挥肢体语言的积极功能。

(3)讲解乏味的概念、原理、公式等内容 在黑板上做电路,讲原理,得出所谓的重要结论,教学形式及方法上的单调、枯燥,照本宣科的呆板,"我讲你听,我教你学"的教学模式。怎能让那些早已厌倦了课堂的学生重新产生兴趣呢？而面对学生的难教、难管，教师的情绪也很消极，学生的厌学，教师的厌教，两者相生相长、如何避免课堂出现了上述所列种种不和谐的现象呢？

1) 在实际生活中的应用，给学生一些感性认识，加深对所学知识的理解。例如，当讲到涡流的概念时，可举一个现实生活中的实例——电磁炉的涡流效应，如图5-7所示。它利用涡流产生热的原理，炉体内的线圈通过交变电流产生交变磁场，在铁质锅的底部产生感应电流，自成闭合回路，很像水的旋涡，称为涡电流，简称涡流。由于金属电阻小，所以涡流很强，释放出大量的焦耳热，使锅本身迅速地自行发热，加热锅内的食物。这个例子证明涡流的力量非常大，人们利用了涡流有利的一面，但涡流还有有害的一面。例如铁心是电动机、变压器等

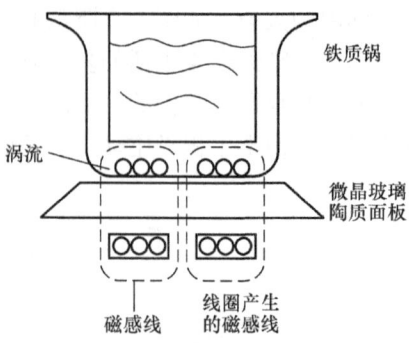

图 5-7 电磁炉的涡流效应

设备的主要部件，铁心的外面有线圈。当交变电流通过线圈时，铁心中就会产生很强的涡流，导致铁心发热、浪费电能。为了克服涡流带来的影响，减少损失，电动机、变压器等设备的铁心采用了电阻率较大的硅钢材料，并制成很薄的片状，外面涂上绝缘层，叠压制成铁心，目的是使回路电阻增大，减少涡流。

2) "做中教"可扭转这种局面。收到事半功倍的效果。"做"显得比"听"容易接受、掌握。常言道，听别人讲十遍，不如自己亲自动手做一遍，使学生会做比听简单得多。例如，当讲到基尔霍夫电压定律时，教师在向学生讲解了节点、回路等概念的基础上，指导学生对照教材连接出闭合电路，并指导学生用万用表分别测量某一个回路中的电源电压和各电阻两端电压的值，然后将这些值取代数和。学生会发现结果是零，对任意回路电压的计算代数和都是零，这时教师要求学生用自己的语言总结这个现象，经过教师点拨和学生的讨论，可得出基尔霍夫电压定律：在任一时刻、任意一个闭合回路中，各段电压的代数和等于零。这样，就收到了预期的教学效果。

3) 发挥多媒体的辅助教学功能，应用多媒体课件进行教学，可以通过形象、直观的图片或动画将一些用语言难以表述清楚的知识点表示清楚，易于学生理解和掌握。例如当讲到"支路电流法"时，可用多媒体课件向学生展示出节点的位置，并利用动态的手法使学生看清楚该节点涉及的支路，由学生列写电流（KCL）方程式，然后再利用多媒体课件向学生展示回路，突出表示哪几个回路中有新支路及各回路的绕行方向。然后让学生列出电压（KVL）方程式，这样就可以在多媒体课件的帮助下，顺利地列出支路电流法所需要的方程式，使课堂信息量加大，在愉快的气氛和交互讨论中使学生掌握教学的重点、难点，教学效果相当好。

(4) 利用口诀增强记忆 著名哲学家培根说过"一切知识不过是记忆"。记忆是知识形成和发展的重要因素，是提高学习效率、增加学习效果的有效方法。

1) 在进行"左、右手定则"的教学时，教师发现学生总是记不住，极易将左、右手的应用混淆。不知什么情况下该用左手，什么情况下该用右手，利用"口诀记忆法"可以解决这个问题。在教学过程中，让学生理解左手判断的是通电导体在磁场中运动时的受力方向；右手定则判断的是导体在磁场中做切割磁力线时产生感应电动势的方向。即如果是与力有关的则依靠左手定则；右手定则判断的主要是与力无关的方向。在此基础上总结出的记忆口诀是：左通力、右生电。因为通电导体在磁场中受力运动问题是电动机的原理，而导体在磁场中运动切割磁力线产生电动势是发电机的基本原理。于是又可以总结出这样一个口诀"左手电动机，右

手发电机"。

2）学习楞次定律时。学生掌握不住产生感应电流磁通的方向与原磁通方向的关系，对阻碍磁通变化的原因理解得不深、不透。那么在平常的教学中可以分析、得出产生电动势的磁通量和原来的外磁场磁通量变化的方向相反，总结出描述这种阻碍的口诀：增反减同，来拒去留。

（5）激发学生课堂活跃性　在中职课堂教学中，要对学生的热情态度和取得的成绩给予正确地评价和适当地鼓励，因为学习上的成功是最能使学生感到满意的，是学生继续学习的一种动力。当学生进步和表现出刻苦钻研精神时，应给予表扬，以增强学生的学习信心，使他们激起争强夺胜的热情，达到表扬一个人、激励一大片的目的。那么，在课堂进行中，依然是可以采取嘉奖的方式来活跃课堂。

1）在课堂进行当中，一般教师在讲课的过程中，为了能与学生形成互动，都会准备相应的课堂提问。然而中职学校的学生一般不会主动举手回答问题，那么为了能够提高学生的主动性以及活跃课堂，可以采取加分的形式激励学生主动回答问题，然而这个加分是算进平时分的，无论是否答对，教师可以量情加分。通过这样一种方式来激发学生课堂的活跃性。

2）在课堂进行当中，教师可不定时地组织课堂讨论，由同学们分成小组去讨论、解决老师所提出的问题，老师从中给予指导。通过这种方式来使每一位同学都参与课堂提问，从而也可以活跃课堂气氛。

（6）落幕，一切尽在回味中　正所谓"开好一个头，能带动一堂精彩的课"。如果结尾草率收场，极有可能会功亏一篑。因此，课堂结尾和开头一样重要。要精心设计，留有余韵，避免虎头蛇尾。课堂时间是极其有限的，而要传给学生的知识容量却是很大的。这就要求在有限的时间内，将无限的教学热情巧妙地安插进去。不能仅仅满足于在课堂上讲解得当，在下课前应该安排一定时间帮助学生来巩固所学内容，让他们记住、消化。否则，学生们被一通猛灌，来不及"运动"，下一堂课又来了，时间一长，必然造成"消化不良"。一堂课的好结尾，可展开学生思维的翅膀，使他们对课堂内容深思求解，或者对其有所启迪，犹如优美音乐的袅袅"余音"。教师还要根据教学内存和学生心理等情况，经常变花样，让学生总有新鲜感，这样才可以形成强烈不断地刺激，从而收到好的效果。

在讲解电工电子基础其中安全用电的触电方式这一环节时，可以在讲解结束时提问"为什么小鸟双脚站在高压线上却不会触电？"，这类贴近生活的问题提问比较能引起学生思考的兴趣，有利于巩固课堂教学、加强课堂效果。

4. 加强激情四溢的语言的运用

驾驭好课堂，要求教师在授课中必须注意提高语言的艺术。一堂课效果的好坏，教师的激情性语言往往有很大的作用。课堂上老师那饱含着浓郁情感的语言，往往会对学生产生极强的感染力，能收到极好的教学效果。不少优秀教师的教学实践证明，当他们满面春风、饱含激情地上课时，就容易引发学生的情感潜势，容易在情感共鸣的语境中开展教学活动。在课堂上，教师那种富有激情性的语言能在最大限度上激发学生的情感，使学生在学习知识的同时受到思想教育。一堂课的效果好坏虽然要受到多种因素的影响，但教师的语言修养、运用语言的艺术往往起到特别重要的作用。作为一名教育工作者，只有把对学生、对职业的爱，用发自内心的真情，充分溢于自己的言表，才能注情于声、以情动人、以声引人。只有通过这种包含慈爱、关心、朴实、动人的语言，才能感染学生的情感，拨动学生的心弦，在学生中引起共鸣，拉近师生间的距离，把学生吸引到教学中来。

5. 使用多样的教学方式化枯燥为生动

作为一名优秀的教师，必须不断地从先进经验中吸取一切教育学和心理学的最新成果，不断更新观念、转换思维，掌握不断发展的先进教学理论。不断探讨和改进教学方式，以提高教学艺术。具体如下。

1）采取启发式教学。它与"注入式""填鸭式"等教学方式不同的是：启发疏导，循循善诱。优秀的教师必须懂得创设迁移情景，由浅入深、由近及远、由旧引新。由新旧知识的衔接处、转化处、矛盾处引导学生快速回顾旧知识，引导学生叩开新知识的大门，适当的时候加以归纳、综合，这样才能有利于系统知识的理解和掌握。才能使学生对知识理解得更深刻、掌握得更牢固，达到"举一反三"的学习效果。

2）采取形象直观教学。所谓形象直观教学法，就是采用直观恰当的图形、图示、语言。例如讲解数控机床运用时，可以播放先进数控机床加工零件的视频。借助媒体等相关工具，将学生们从被动的学习状态中解放出来，通过动脑、动手、动眼、动嘴，真正让课堂活起来，让学生参与到课堂中来，充分挖掘学生的想象力、观察力、表达能力、动手能力，提高学生的形象思维能力。

3）采取模拟式教学。就是指教师布置或模仿某种近似的现场环境，让学生将日常学习、训练的经验努力在这场虚拟的活动中表现出来。课堂教学不能仅仅是一个学生被动接受知识的过程，而应该是一个积极地思考、判断、交流、应用和创造的过程，是一个能促进身心全面发展的过程。模拟式教学能让学生带着兴趣、带着问题去收集资料，阅读相关的课本知识，来钻研有关知识、惯例和规则，是一种非常积极有效的阅读，远胜过原来那种机械的无目的阅读。这样学生从自己的需求和动机出发，去解决问题，会从中体验到学习的欢乐和获得答案的满足，积极性就会被充分调动起来，开始着眼于更高层次的学习。

6. 改变作业不认真的态度

课外作业是课堂教学的延伸，认真指导学生做作业，既能检验教学效果，又能培养学生严谨求实的良好学风。布置作业时，应注意作业的难度、分量适度，并全部批改。但有的学生做作业还是不认真，审题不严格，还有一些学生抄袭他人的作业。那么在布置作业时，可以讲寓言故事去启示他们。

7. 关于课堂多种教学状况的案例与分析

（1）吵闹

1）案例。一节课上，老师在黑板上书写了很多的教学内容与知识点，由于内容较多，写的时间相对长了一些，在这段时间里面，老师并没有说话，只是默默地抄着备课笔记上的内容，一点点写在黑板上，渐渐地，教室内的学生们觉得这是一个可以说话甚至打闹的机会，他们纷纷地开始讲话，有些甚至开始打打闹闹，教室里面的声音一点点地大了起来，声音越来越高，当这时老师回过神来，回头冲着学生们说："安静！不要再说话了！"这时，教室里才安静一些。还有就是在上课时，老师太专注讲自己的东西，一直在说，教室里面学生的声音又渐渐地增大起来，直到老师实在忍受不住才抬头训斥。这是两种上课吵闹的最典型案例。

2）分析。老师在课堂中不仅仅是教师，它所拥有的职责不仅是讲课，还起到主持人的作用，他需要把控课堂的每一个事物，需要有敏锐的观察力和灵活的行动力，当在处理任何一件事的时候都需要想到，课堂中的学生是不可以被忽视的，他们中的每一个人都需要被关注，需要照顾到他们所有人的反应，让课堂的主动权握在自己的手中，而不是随意地放任自流。学生不是公司的员工，上课也不是开会，它所承载的目的是让学生学到知识，并且在课堂中能注意力集中。所以在碰到类似的情况时，作为教师，第一时间就是要有全局观，应该在做任何一件事的时候想到它会占用多少时间,课堂上是否冷场,是否需要言语激励等。这样才能有效地把控课堂气氛,将吵闹压制于萌芽状态。

(2) 质疑

1) 案例。在教学过程中,有些学生喜欢质疑老师的观点,有些是善意的,有些则是不专业的,但是无论如何,他们在老师的教学中起到了极大地影响,使得老师不得不改变自己的思路,先解答疑惑然后再进行下去,这本是正常的教学状况,但是在有些时候学生提出问题并非是单个人有疑问,而是群体的疑问,从而导致学生在教学环节中群体性的骚乱,课堂纪律的维持往往就会发生问题,当大多数人开始互相讨论问题时,老师的一两句安静已经起不到决定性的作用。

2) 分析。教学环节中,学生产生质疑是正常的,他们并不是企业的员工,必须按部就班地听着领导的发言,他们有对疑惑问题发问的权利。但是在课堂教学中,怎样使学生在质疑时控制住整体性的情绪,致使不发生以上的情况,这是需要好好研究的,在回答学生问题时不要心怀疑虑,有必要时则可以把声音放大,利用语言的压倒性使学生安静地听教师的讲话内容,一旦开始进入听讲状态,便很少再会发出更多质疑的声音。当然,这也要求老师专业的知识结构水平需要达到一定的档次。从而达到控制课堂气氛的目的,将学生牢牢地把握在教师的手中,跟随着课堂进行学习。

(3) 疲惫

1) 案例。某节课上,老师发现在讲课进行到一半时,底下的学生睡倒了一大片,随后拍了拍讲桌,对着学生们大声道:"不要睡觉。都认真听课!"但是,这样的效果多半都是不理想的,这可以从几点看出来:首先在老师喊叫后,学生醒来是属于惊醒的过程,他们感到的是害怕和担心;其次,学生在醒来后大部分还是属于昏迷的状态,就算是听课也是半睡不醒的状态,根本没有真真正正地进入课堂中去;最后,很多同学在睡醒后,发现老师又开始正常地讲课,觉得安然无事,又开始睡觉。那么怎么杜绝这种上课疲惫的事情呢?

2) 分析。有些学生在上课时疲惫并不是因为真正的困意使然,而是上课的积极性不高,兴趣不浓厚,且对上课内容索然无味,在听讲了 5~10min 后,他们的注意力自然地就转移到了其他方面,然而课堂中没有其他转移注意力的物件,这使得学生自然地进入睡觉的状态中去。那么教师在处理这种问题时应该注意到学生的听课注意力是属于有意注意的范畴。他们在一段时间的听讲后如果还是集中精力地跟着老师的步骤,但在身体上已经吃不消了,所以这需要老师在讲课中带有语言的技巧,不仅要充分地把握学生的精力时间,更要时时进行语言激励,说些能够让学生有兴趣的话题进而调节,这样才能够将学生疲惫情况扼杀于萌芽状态。

(4) 走神

1) 案例。上课时间走神是几乎所有学生的通病,怎样才能在学生走神时把他们的注意力抓回来呢?例如在课堂上,老师在正常地讲课,但是由于天气炎热,学生们在听到十余分钟之后,纷纷进入了走神的状态,有的走了一会便回过神来,有的甚至一直走下去,老师在讲了 30min 的课程后猛然发现学生们早已经纷纷进入了走神的阶段,可是课程内容的掌握度甚至没有达到预期的一半。这种情况也是很多教师都遇到的。

2) 分析。学生们的精力是有限的,特别是在外部环境不是很好的时候,他们的走神情况会变得极其明显,有些学生在上课时甚至会走神直到下课,那么老师在上课过程中必须注意到其中几点:首先是不停地观察学生的表情与动作,从他们的表情中可以看出他们是否在认真听讲,如果出现走神的情况,立刻朝他走去,但不要点出他的问题,意味深长地看着他,通常学生就会变得立刻扭转过来;其次,如果是普遍进入了走神的情况时,教师不妨停顿下来,突然找一个与课堂无关却很让学生感兴趣的事件进行讲述,这种情况下,很多学生会跟着老师的思路继续走下去,发现都跟上教师的思维后,即可继续进行讲课。

5.2.3 其他课堂教学互动法简要介绍

(1) 采访嘉宾 由老师或学生采访一位专家客人,采访内容是在被采访者的专业范围内选择一个题目。采访时由专家坐在讲台,然后由学生对其提出问题。

(2) 采访学生 学生们两个为一组互相采访,题目是之前选择好的。对于开发价值观和学习态度,这是一个好的学习技巧。问题会由老师提供,或者所有学生现场自己设计问题。学生们自己的回答可以作为学习的结果,按百分比计算到学生的总成绩中或小组的总成绩中。

(3) 观点补充法 老师可以提供不完整表达观点的句子,如"我对底座加工工艺的看法是……",然后学生对其进行补充,写在资料上,并与其他同学一起分享想法……

(4) 头脑风暴法 利用创造性、发散性思维产生的想法或主意的一种学习方法。所有的学生在规定的时间内(5~15min)共同解决一个问题,由一个人及时地把所有的想法和主意都记录下来。学生们可以用一个单词或短句说出他们的想法,其他人不能对其做出讨论或评价,要一直让所有人的想法都提出了,才能对其做出判断。在此项活动进行的过程中,每个创造性的想法都会刺激其他想法的出现。直到所有的想法都被提出之后,再将每个想法修改、评价。这时学生可以对所有提出的想法进行提问,同时老师可以在旁指引学生的思维。

(5) "鱼缸"学习法 在上课之前,一个学生自愿者(或者选择一个)对一件事情进行研究。这个学生可以根据自己的背景、经历和特殊兴趣选择研究的题目。被选出来的学生在一个由6~8个学生围成的圆圈里被当成讨论题目的专家被大家"拷问"20min,最后老师(或再挑选一个学生)进行总结。

(6) 结构笔记法 事先提供给学生一个演讲的纲要,但内容的关键字、词、句,被省略掉。这些被省略的字、词、句,在演讲进程中由学生填充。

(7) 讨论学习法 由3~5个学生组成一个小组,没有领导者,所有学生都是平等合作的关系。学生们要在规定的时间内回答一个问题或解决一个难题。每个小组讨论的结果都要向其他小组报告。有时候,学生要撰写一份关于讨论结果的报告。

(8) 选择法 老师提供一件事的详细资料和几个选择。学生对所有选择进行讨论,并选择其中一个,推断并证明由此选择可能造成的结果。

(9) 学生授课方法 此方法是选择一个学生进行短时间的授课。学生可以根据布置的题目从他们自己的经历当中选择讲授的内容。这个过程需要学生事先制订细致、完善的教学计划,同时也需要老师的监督。学生讲课可以运用互动学习方法和口头演讲方式进行。

(10) 角色对话法 由老师设定两个或两个以上的角色,然后设计角色的对话内容。老师可扮演其中一个角色,学生扮演另外一个角色,然后按照稿上的对话进行。

(11) 个人演讲 由一个学生对之前选择好的题目进行演讲,其他学生可以根据其演讲进行发问。

(12) 进度小测试 此方法要求学生通过一些自我小测试找出自己学习中的缺陷,但是测试不评分,老师会将正确答案提供给学生。这样做的目的是能够自动、快速反馈学习结果,以便老师和学生了解他们是否掌握了学习目的及进度状况。

(13) 合同学习法 老师和学生之间签订一个文字协议,同意完成一项学习任务。协议里包括学习目的。

(14) 结果法 "如果没有这样做会产生什么后果?"其由学生提供答案,老师假设某事件，锻炼学生的想象力和逻辑思维。

（15）程序指导法　此法是以文字或其他媒介作为载体进行教学。这是一个增强记忆能力的非常好的教学方法。

（16）模拟共进午餐学习法　两名学生模拟共进午餐，同时讨论给定的题目。最后其他学生进行提问，培养学生如何利用休闲时间。

（17）戏剧法　此学习法利用布置戏剧情景、小魔术、戏服或其他手段吸引学生注意力并强调重点内容。这些方法必须与学习目的联系起来，并且强化学习目的。老师将会引导学生问一些关于该戏剧的问题。

（18）填充加强法　学生用单词或短语填充一道来完成的题目，然后老师给出正确的答案。学生可以对他所填充的内容进行解释和辩护。

（19）转述法　此学习法让学生用自己的话来转述老师所说的内容。

（20）现场调查法　此学习法要求学生讲出他们对所讨论的内容的意见和观点，然后现场对所有意见进行投票。随后老师统计结果，然后全班学生再进行讨论。

5.3　说课设计

5.3.1　说课理论

1. 概念

说课就是教师口头表述具体课题的教学设想及其理论依据，授课教师在备课的基础上，面对同行或教研人员，讲述自己的教学设计，然后由听者评说，达到互相交流、共同提高的目的的一种教学研究和师资培训的活动。在说课实践中认识到，这个定义是不全面的。说课既可以针对具体课题，也可以针对一个观点或一个问题。所以，说课就是教师针对某一观点、问题或具体课题，口头表述其教学设想及其理论依据。说得简单点，说课其实就是说说教师是怎么教的，为什么要这样教。

2. 起源

说课，作为一种教学、教研改革的手段，最早是由河南省新乡市红旗区教研室 1987 年提出来的。它是作为教学与研究相衔接的一种手段、备课与上课的一个环节，为教师反思教学和理论提升提供了一个简便、易行的研究平台。为使"说课"活动在新的课程改革中发挥更大的作用，2002 年，国家教育科学计划领导小组正式批准了"说课理论与实践的分层研究"为教育部"十五"规划课题，该课题于 2002 年 10 月在北京开题。

3. 说课的特点

（1）说理性　说课不仅要说清"怎样教"，还要说清"为什么这样教"。要让听者不仅知其然，还要知其所以然，这是说课区别于备课、上课，形成独有特征的主要方面。

（2）科学性　课堂教学要求教师以科学的理论为指导，用科学的方法解决教学的矛盾和问题。教师必须遵循教学原则去设计教学程序，教材的处理，传达科学性、逻辑性和思维性的教学。

（3）高层次性　由于听课的对象是懂教材并具有一定教研水平的领导和教师。所以教师要学习先进的教改经验和教学方法，学习有关教育理论，充实说课理论依据，特别是对教材的处理、教法的选择、板书的设计、语言的推敲，比以往备课要更为精心，教学结构更趋向合理。

(4) 预见性　说课要求教师不仅讲出怎么教，还要说出学生怎样学。所以，说课者要对所教学生的知识技能、智力水平、学习态度、思想状况、心理特点、非智力因素等方面的差异进行分析。估计学生对新知识的学习会有什么困难，说出根据不同情况采取相应的措施和解决的方法，说课者还要说出自己设计提问的关键问题，估计学生如何回答、教师应该怎样处理。

4. 说课的基本内容与步骤

（1）说教材　说课首先要说明自己对教材的理解。说教材的目的有两个：一是确定学习内容的范围与深度，明确"教什么"；二是揭示学习内容中各项知识与技能的相互关系，为教学的顺利进行奠定基础，知道"如何教"。说教材包括以下几个方面。

1）说教材的地位作用。要说明课标对所教内容的要求，脱离课标的说课那就是无本之木、无源之水，会给人一种虚无缥缈的感觉。还有说明所教内容在节、单元、年级乃至整套教材中的地位、作用和意义，说明教材编写的思路与结构特点。

2）说教学目标的确定。一说目标的完整性，教学目标应该包括知识与技能目标、过程与方法和情感态度三个方面的目标；二说目标的可行性，即教学目标要符合课标的要求，切合各种层次学生的实际；三说目标的可操作性，即目标要求具体、明确，能直接用来指导、评价和检查该课的教学工作。

3）说教学的重点、难点。教学重点除知识重点外，还包括能力和情感的重点。教学难点，是那些比较抽象、离生活较远或过程比较复杂，使学生难以理解和掌握的知识。并要具体分析教学难点和教学重点之间的关系。

（2）说学生　就是分析教学对象。学生是学习的主体，因此教师说课必须说清楚学生情况。这部分内容可以单列，也可以插在说教材部分一起说。说学生包括如下几点。

1）说学生的知识经验。这里说明学生学习新知识前他们所具有的基础知识和生活经验，这种知识经验对学习新知识产生什么样的影响。

2）说学生的技能态度。就是分析学生掌握学习内容所必须具备的学习技巧，以及是否具备学习新知识所必须掌握的技能和态度。

3）说学生的特点风格。说明学生年龄特点，以及由于身体和智力上的个别差异所形成的学习方式与风格。

（3）说教法与手段　就是说出选用什么样的教学方法和采取什么样的教学手段，以及采用这些教学方法和手段的理论依据是什么。

1）说教法组合及其依据。教法的组合，一是要考虑能否取得最佳效果，二是要考虑师生的劳动付出是否体现了最优化原则。一般一节课以一两种教学方法为主，穿插、渗透其他教法。说教法组合的依据，要从教学目标、教材编排形式、学生知识基础与年龄特征、教师的自身特点及学校设备条件等方面说明。因为教学过程是教与学的统一过程，这个过程必须是教法和学法同步的过程，因此教师在说课时还要说明怎样教会学生学习的方法和规律。

2）说教学手段及其依据。教学手段是指教学工具（含传统教具、课件、多媒体、计算机网络等）的选择及其使用方法，要尽可能使用现代化的教学手段。教具的选择一忌多，使用过频，使课堂教学变成教具或课件的展览；二忌教学手段过于简单，不能反映学科特点；三忌教学手段流于形式。还有说明是怎样依据教学目标、教材内容、学生的年龄特征、学校设备条件、教具的功能等来选择教学手段的。

（4）说教学程序　说教学程序就是介绍教学过程设计，这是说课的重点部分。因为只有通过这一过程的分析，才能看到说课者独具匠心的教学安排，它反映了教师的教学思想、教学个性与风格。也只有通过对教学过程设计的阐述,才能看到教学安排是否合理、科学和艺术。教学过程通常要说清楚下面几个问题。

1) 说教学思路的设计及其依据。教学思路主要包括各教学环节的顺序安排及师生双边活动的安排。教学思路要层次分明,富有启发性,能体现教师的主导作用和学生的主体作用。还要说明教学思路设计的理论依据。

2) 说教学重点、难点的处理。教师高超的教学技艺体现在突出重点、突破难点上,这是教师在教学活动中投入的精力最大、付出的劳动最多的方面,也是教师的教学深度和教学水平的标志。因此教师在说课时,必须有重点地说明突出教学重点,突破教学难点的基本策略。也就是要从知识结构、教学要素的优化、习题的选择和思维训练、教学方法和教学媒体的选用、反馈信息的处理和强化等方面去说明突出重点的步骤、方法和形式。

3) 说各个教学环节的时间分配。要联系实际教材内容、学生实际和教学方法等说出各个教学环节时间安排的依据。特别要说明一节课里的最佳时间(20~25min)和黄金时间(15min)是怎样充分利用的。

4) 说教学设计及其依据。说板书设计,主要介绍这堂课的板书类型是纲目式、表解式、还是图解式等?什么时候板书?板书的具体内容是什么?板书的展现形式是什么?等。板书设计要注意知识科学性、系统性与简洁性,文字要准确、简洁。说依据可联系教学内容、教学方法、教师本身特点等加以解释。

5. 说课应注意的问题

要说好课,应该注意以下几个问题。

(1) 突出"说"字 说课不等于备课,不能照教案读;说课不等于讲课,不能视听课对象为学生去说;说课不等于背课,不能按教案只字不漏地背;说课不等于读课,不能拿事先写好的说课稿去读。说课时,要抓住一节课的基本环节去说,说思路、说方法、说过程、说内容、说学生,紧紧围绕一个"说"字,突出说课特点,完成说课进程。

(2) 把握"说"的方法 说课的方法很多,应该因人制宜、因教材施说:可以说物、说理、说实验、说演变、说本质、说事实、说规律、正面说、反面说,但一定要沿着教学法思路这一主线说,以防跑题。

(3) 语气得体、内容不失真 听说课的对象是同行、是评委、是领导,都是成人,说的语气、称呼要得体。虽然听课者是成年人,但他们会竭力站在学生的角度去听说课,去审视说课者的一字一句、一举一动,包括组织过程、参与过程、教法的采用。因此说课时要真实体现教学设计的理性思路、教学的过程、方法的选择,又要注意说课时的语气、称呼、表情要得体。

(4) 说出特点、说出风格 说课的重点应放在实施教学过程、完成教学任务、反馈信息、提高教学效率上。说课要重理性,讲课注重感性和实践,因此,用极有限的时间完成说课内容不容易,必须做到详略得当、简繁适宜、准确把握说的程度。说得太详、太繁,时间不允许,也没必要;说得过略、过简,说不出基本内容,听众无法接受。

6. 说课的作用

说课的目的在于对教师进行全面了解,并进行综合评价;在于提高教研效果;在于促进理论与实践相结合,有效地提高教育教学质量。其作用主要体现在以下几个方面。

(1) 提高教师素质 说课时,教师不但要说清"教"什么,还要说明为什么这样教,即新课程理念、标准有什么要求，有关的教育理论是怎样阐述的等理论依据。为了说清这一类问题，说课前，教师必须认真学习有关的理论和资料。这样有利于促进教师自觉研究教育理论，研究课程标准教材或课程目标，使教师由经验型向理论型转变，实现由感性认识到理性认识的飞跃；达到由理性认识向创造性认识升华的境界，从而提高教师的素质，最终实现全面提高教育教学质量的目标。

（2）有利于理论联系实际与实践的结合　备课、讲课是运用理论进行实践的过程，而说课侧重于理论，运用教学理论分析、阐述备课、讲课的目的要求和程序。要说好课，就必须以现代教育理论指导说课全过程。这就促进了教育理论与实践相结合。

2001年开始，全国已有38个实验区使用"课程标准"教材，随后，逐渐在全国扩大使用范围。实施"课程标准"这是我国教育教学工作的一次重大改革。要求教师在教育理念、教学方式、教育评价等方面进行改革。为适应"课改"的要求，教师应必须学习大量新的教育教学理论。新课程"通识培训"、学科培训等各类与"课改"有关的培训，都是理论性的学习。如何把"课改"新理念、新方式落实到课堂教学中，使理论与实践紧密结合，这是很值得探讨的问题。

课程标准的实施，为"说课"提供了广阔的空间；"说课"为"课改"提供了良好的教育平台。在课改中，各类教研活动会更加活跃，"说课"这种教研方式将发挥更重要的作用。

（3）有利于营造教研气氛　说课活动往往和评课活动结合在一起进行。通过说，发挥了说课教师的作用。通过评，又使教师集体的智慧得以充分发挥。说课者要努力寻求现代教育理论的指导，评课者也要努力寻求说课教师的特色与成功经验的理论依据，说评双方围绕着共同的课题形成共识，达到取长补短、优势互补的效果，营造了较好的教研氛围。其次，说课是一位教师综合能力的体现，通过说课，可以在一定程度上对教师的综合素质进行评价。

5.3.2　案例1：平面与曲面立体的交线

1. 问候语

大家好，感谢大家的到来，我是来自×××的×××，今天说课的课题是平面与曲面立体的交线。

2. 教材分析

本节内容出自《计算机工程制图》第4版第六章第一节第二点。本节课是本章的重点，要求学生掌握平面可以往哪些方向与曲面立体截交，截交后会出现什么样的形状？发挥学生的空间想象力、创新能力与动手实操能力。

3. 学情分析

针对目前的中职学生和工程制图这门课程的情况，学生的起点和基础不一，容易养成被动地学习知识、接受知识的习惯，对学习也会失去一定的兴趣，所以，本节课采用新颖的方法来全面吸引学生，提高学生积极性，如讲授法、任务驱动法、演示法等。

4. 内容分析

1）本节课的内容。圆柱、圆锥、球被平面切割的截交线性质、形状和立体视图的作法。

2）本节的重点。理解好截交线的性质，掌握好截交线的求取方法。

3）本节的难点。分析立体被平面截后的视图，并画出各视图。

5. 教学法分析

突破这些重、难点的关键在于发挥教师的主导作用，正确引导学生。所以再从教学方法、教学过程、学法指导教学设计来谈一谈。

（1）教学方法　本节课将采用演示教法与任务驱动教学法让学生探索、发现，通过小组讨论、实践操作，再加上教师的整合发挥，营造出具有趣味性、挑战性、同学之间互相合作性的课堂，激发学生热爱学习、不断深入学习的热情。

（2）教学过程　本节课的教学流程为复习过渡、提示主题（1min）→创设情景、引入新知（5min）→合作交流、探究发现（15min）→解释应用、拓展创新（20min）→归纳小结、发现深化（3min）→布置作业、巩固发展（1min）。为突出重点、突破难点，首先和同学们一起回顾上节课的内容，接着通过视频和实体的导入来引起同学们学习这节课的兴趣，然后开始讲解这节课的主要知识点、主要内容。让学生学懂这些知识，就要让学生变被动学习为主动学习，把学习的主动权还给学生；就要让学生自己独立思考，通过小组讨论并操作、解决问题。在学生完成任务后要及时进行解释和评价，并趁热打铁再出几个复杂的立体图让学生去拓展创新。最后就是对整节课的归纳小结，回顾这节课讲的内容，归纳知识点，提醒学生应注意的问题，通过布置作业来检测学生对知识的掌握程度，下节课随机抽查学生操作。

（3）学法指导　新目标中强调以学生发展为本，倡导积极主动、勇于探索的学习方式。因此，在讲解完知识点之后，通过任务驱动教学法，给出一些曲面立体图，让学生先观察原立体图和它的三视图，再观察被切割后的立体图，分析截交线的形状，想象新的立体图的三视图形状，这样有利于深化学生的感知认识。思考完之后和同学讨论，再自己动手做一做、画一画，从而获得新知、全面发展。当然，还要根据学生动手操作的题目有针对性地进行评讲，提出问题、解决问题，更加激发学生求知的欲望。

（4）教学设计　本节课将采用图解式的板书类型。平面与曲面立体的交线涉及的图形较多，若单纯从书本上读图讲解较为抽象，学生无法理解。因此在讲到截面形状时便开始图解板书，向学生讲解、展现平面与圆柱、圆锥、球等曲面立体截交后的形状，以及截交后的三视图的画法。通过图解板书，学生更容易理解。这时候也可以提问学生刚刚讲解的截交后形状有哪些？怎样画？截交后的三视图怎样画？以检验学生的学习效果。

查看相关说课设计案例请扫描下方的二维码：

5.3.3　案例2：Master Cam 软件编程

1. 问候语

大家好，感谢大家的到来，我是来自×××的×××，今天说课的课题是 Master Cam 软件编程。

2. 教材分析

本节内容出自《Mastercam9.0 实训教程》第 1 版第五章第一节。本节课的重点是讲解外形的绘制和加工编程方法，要求学生掌握 Master Cam 软件编程的方法。

3. 学情分析

针对目前的中职学生的培养目标，学生不仅要懂得绘图，而且要懂得编程和加工设备的操作。有些学生通过自学或课前预习已经掌握了软件部分的操作。学生的基础不一样，基础较差的学生容易出现被动的学习状态，学习主动的学生能时刻跟着老师的步骤走，所以在讲课过程中要采用新颖的方法来全面吸引学生，提高学生的积极性，如讲授法、任务驱动法、演示法等。

4. 内容分析

1）本节课的内容。零件外形的绘制和加工编程方法。
2）本节的重点。外形的绘制和编程。
3）本节的难点。零件的编程。

5. 教学法分析

突破这些重、难点的关键在于发挥教师的主导作用，正确引导学生。所以再从教学方法、教学过程、学法指导、教学设计来谈一谈。

（1）教学方法　本节课将采用演示教学法与任务驱动教学法让学生探索、发现，通过小组讨论、实践操作，再加上教师整合发挥，营造出具有趣味性、挑战性、同学之间互相合作性的课堂，激发学生热爱学习、不断深入学习的热情。

（2）教学过程　本节课的教学流程为复习过渡、提示主题（1min）→创设情景、引入新知（5min）→合作交流、探究发现（15min）→解释应用、拓展创新（20min）→归纳小结、发现深化（3min）→布置作业、巩固发展（1min）。为突出重点、突破难点，首先和同学们一起回顾机械制图如何手绘零件图，接着通过视频和实体的导入来引起同学们学习这节课的兴趣，然后开始讲解这节课的主要知识点、主要内容。让学生学懂这些知识，就要让学生变被动学习为主动学习，把学习的主动权还给学生；就要让学生自己独立思考，通过小组讨论并操作、解决问题。在学生完成任务后要及时进行解释和评价，并趁热打铁再出几个复杂零件的外形图让学生去拓展创新。最后就是对整节课的归纳小结，回顾这节课讲的内容，归纳知识点，提醒学生应注意的问题，通过布置作业来检测学生对知识的掌握程度，下节课随机抽查学生操作。

（3）学法指导　新目标中强调以学生发展为本，倡导积极主动、勇于探索的学习方式。因此，在讲解完知识点之后，通过任务驱动教学法，给出一些复杂零件的外形图，让学生先观察、再思考。思考完之后和同学讨论，再自己动手做一做、画一画，最后到编程。从而获得新知、全面发展。当然，还要根据学生动手操作的题目有针对性地进行评讲，提出问题、解决问题，更加提高学生求知的欲望。

（4）教学设计　本节课将采用 PPT 投影的方式和 Master Cam 软件的使用。零件外形各式各样，Master Cam 的功能也比较多，若单纯采用老师灌输式讲解的方式较为乏味，学生提不起精神。因此在讲到零件图时，可向学生展示事先做好的实体图。在学生的观察、思考完成后再开始绘制，这样能提高学生的积极性，也让学生更容易理解。这时候也可以提问几个学生有哪些绘图技巧？怎样画？画完后应该怎样编程？以达到检验学生学习效果的目的。

5.3.4　案例3：晶体管的电流放大作用

1. 问候语

大家好，感谢大家的到来，我是来自×××的×××，今天说课的课题是晶体管的电流放大作用。

2. 教材分析

本节内容出自《电子技术基础》第 4 版第二章第一节第二点。本点内容是本节学习晶体管基本放大电路的基础。要求学生掌握晶体管的放大电路要满足的外部条件，在晶体管处于放大状态时反射结处于正偏，集电结处于反偏，还要学会比较三极电位的高低，弄清楚晶体管电流放大的实质。这就要发挥学生的读图、分析、理解的能力。

3. 学情分析

针对目前的中职学生和电子电路这门课程的情况，学生对电路接触较少，对晶体管这个元器件没有认识，因此理解起来会相对困难。而且中职的学生容易养成被动地学习知识、被动地接受知识的习惯，对学习也会失去一定的兴趣，在听到陌生的内容时会因为不懂而不听。所以，本节课会采用新颖的方法来全面吸引学生，提高学生积极性。

4. 内容分析

1) 本节课的内容。晶体管实现放大作用要满足的外部条件、三个电极的电位比较、晶体管电流放大的实质。

2) 本节的重点。掌握晶体管要实现放大作用必须满足的外部条件，NPN 型与 PNP 型的区别。

3) 本节难点。三个电极的电位比较及电流放大的实质。

5. 教学法分析

突破这些重、难点的关键在于发挥教师的主导作用，正确引导学生。所以再从教学方法、教学过程、学法指导、教学设计来谈一谈。

（1）教学方法　本节课将采用讲授教学法与讨论教学法让学生探索、发现，小组讨论，再加上运用现代技术教学手段的整合发挥，营造出具有趣味性、挑战性、同学之间互相合作性的课堂，激发学生热爱学习、不断深入学习的热情。

（2）教学过程　本节课的教学流程为复习过渡、提示主题（1min）→创设情景、引入新知（5min）→讲授原理、讨论解疑（15min）→解释应用、拓展创新（20min）→归纳小结、发现深化（3min）→布置作业、巩固发展（1min）。为突出重点、突破难点，首先和同学们一起回顾上节课的内容，接着通过视频导入来引起同学们学习这节课知识的兴趣，然后开始讲授这节课 NPN 型的主要知识点、主要内容。让学生学懂这些知识，就要让学生变被动学习为主动学习，把学习的主动权还给学生；就要让学生自己独立思考，通过小组讨论、解决问题。在学生完成讨论后要及时进行解释和评价，并趁热打铁再出 PNP 型晶体管让学生去拓展创新。最后就是对整节课的归纳小结，回顾这节课讲的内容，归纳知识点，提醒学生应注意的问题，通过布置作业来检测学生对知识的掌握程度，下节课随机抽查学生回答问题。

（3）学法指导　新目标中强调以学生发展为本，倡导积极主动、勇于探索的学习方式。因此，在讲解完知识点之后，通过讨论教学法，给出问题：要实现晶体管放大作用，满足了外部条件后，三个电极的电位必须要符合什么关系？让学生先观察晶体管的工作电压图，分析发射结正偏时、集电结反偏时各电极的电位高低，这样有利于学生的感知认识。思考完之后和同学讨论，再自己动手做一做，比较一下，从而获得新知、全面发展。当然，还要根据学生的讨论和结果有针对性地进行评讲，提出问题、解决问题，更加提高学生求知的欲望。

（4）教学设计　本节课将采用图解式的板书类型。晶体管放大电路图形较复杂，且要比较三个电极的电位高低，若单纯从书本上读图讲解较为抽象，学生无法理解。因此在讲到比较三个电极的电位高低与电流放大的实质时便开始图解板书，向学生展现晶体管满足放大条件后，各电极电位大小怎样比较，以及电流的实质是通过较小的基极电流控制较大的集电极电流。通过图解板书，学生更加容易理解。这时候也可以提问学生刚刚讲过的晶体管要实现放大作用必须要满足的条件是什么？三个电极的电位高低怎样？以检验学生的学习效果。

本章理论知识在线学习请微信扫描下方二维码：

附　　录

附录 A　任　务　单

学习领域	电气安装规划与实施
学习情境	照明电路的安装与调试
学习目标	1. 掌握交流电路中相线、中性线的定义及相电压、线电压之间的关系等常识性知识 2. 在完成工作任务的过程中，学会正确、合理使用电工工具和仪表，并做好维护和保养工作 3. 能够根据照明电路的原理图和安装图，正确安装照明电路 4. 熟练掌握导线的剖削和连接方法以及照明元器件的安装和接线工艺 5. 在完成照明电路安装的同时，能检测和排除照明电路的故障 6. 在工作过程中严格遵守电工安全操作规程，时刻注意安全用电和节约原材料 7. 培养学生团队合作、爱护工具、爱岗敬业、吃苦耐劳的精神
任务描述	在电工实训板上设计并安装一个由单相电能表、剩余电流断路器、熔断器、荧光灯、白炽灯、节能灯、若干开关和插座等元器件组成的简单照明电路，要求安装的照明电路布线规范，布局美观、合理；安装的照明电路可以正常工作，并能排除常见的照明电路故障 具体任务要求： 1. 可根据参考电路原理图（附图 A-1）进行照明电路的安装 2. 可以自行设计照明电路，元器件可以自选，但不可少于参考照明电路中的元器件，开关和插座的数量可以自选，对于荧光灯和白炽灯的控制既可以选择单控开关也可以选择双控开关 3. 照明电路的布局可以自行设计，但是要求布局合理、结构紧凑、布线合理，做到横平竖直、整齐，导线避免交叉、架空线和叠线，导线变换走向要垂直，并做到高低一致或前后一致 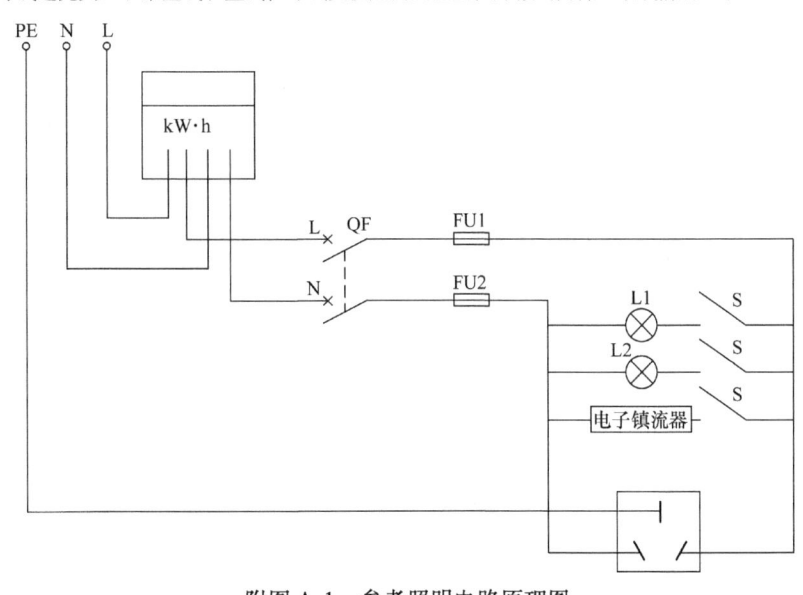 附图 A-1　参考照明电路原理图

(续)

提供资料	[1] 秦曾煌. 电工学（上册）[M]. 北京：高等教育出版社，2007. [2] 周元兴. 电工与电子技术基础 [M]. 北京：机械工业出版社，2008. [3] 江华圣. 电工技能实训 [M]. 北京：人民邮电出版社，2006. [4] 王兰君. 零起点速学电工技术 [M]. 北京：人民邮电出版社，2007. [5] 王建. 电工基本技能实训教程 [M]. 北京：机械工业出版社，2007. [6] 梅开乡. 电工职业技能实训 [M]. 北京：人民邮电出版社，2006. [7] 刘法治. 维修电工实训技术 [M]. 北京：清华大学出版社，2006. [8] 高玉奎. 简明维修电工手册 [M]. 北京：中国电力出版社，2005. [9] 李爱军. 维修电工技能实训 [M]. 北京：北京理工大学出版社，2007. [10] 仇超. 电工实训 [M]. 北京：北京理工大学出版社，2007. [11] 李群. 电工技术一点通 [M]. 北京：科学出版社，2008. [12] 张仁醒. 电工电子基本技能实训 [M]. 北京：机械工业出版社，2005. [13] 林平勇，高嵩. 电工电子技术 [M]. 北京：高等教育出版社，2008.
对学生的要求	1. 必须掌握交流电路的常识性知识 2. 必须学会正确、合理使用电工工具和仪表，并做好维护和保养工作 3. 学会各种照明元器件的安装和接线方法 4. 工作过程中要节约使用原材料，且操作一定要规范 5. 实施过程中，必须时刻注意安全用电，严禁带电作业，严格遵守安全操作规程 6. 按任务要求完成照明电路的安装和调试的工作任务 7. 具有团队合作的精神，以小组的形式完成工作任务 8. 爱护工具和仪表，损坏需按价赔偿 9. 上课时必须穿工作服，女生应戴工作帽，不许穿拖鞋上课 10. 严格遵守课堂纪律和工作纪律，不迟到、不早退、不旷课 11. 应树立职业意识，并按照企业的"6S"（整理、整顿、清扫、清洁、素养、安全）质量管理体系要求自己 12. 本情境工作任务完成后，需提交学习体会报告，要求另附

附录 B　资　讯　单

学习领域	电气安装规划与实施
学习情境	照明电路的安装与调试
资讯方式	在资料角、图书馆、专业杂志、互联网及教师给的资讯引导上查询资讯问题；咨询任课教师
资讯问题	1. 什么是功率因数？为什么要提高功率因数？提高功率因数的方法是什么 2. 什么是中性线（零线）和相线 3. 什么是三相四线制？什么是线电压、相电压、线电流、相电流 4. 三相电源和三相负载的连接方式有几种？线电压与相电压、线电流与相电流的关系分别是什么 5. 照明电路的布局、布线安装的基本要求 6. 照明电路有哪些常见的故障？应如何检查 7. 使用指针式万用表的注意事项是什么 8. 导线连接的基本要求是什么？导线的连接种类有哪些 9. 安装照明电路有哪些技术要求 10. 剥线钳、尖嘴钳、斜口钳、钢丝钳、验电器、电工刀、螺钉旋具、手电钻的使用方法（会操作） 11. 用指针式万用表和数字万用表测交直流电压、交直流电流和电阻的方法 12. 塑料硬线和塑料软线、塑料护套线的剖削方法 13. 单股铜芯导线的"一字形"和"T字形"连接方法 14. 插座、开关、白炽灯、荧光灯、漏电保护器、熔断器、单相电能表的安装接线方法
资讯引导	1. 问题4～问题12可以在秦曾煌的《电工学》（上册），周元兴的《电工与电子技术基础》，林平勇、高嵩的《电工电子技术》等教材的第二章、第三章和信息单中资讯 2. 问题14可以在张仁醒的《电工电子基本技能实训》的第2章，梅开乡的《电工职业技能实训》的技能训练五，江华圣的《电工技能实训》的技能训练一，仇超的《电工实训》的项目1，刘法治的《维修电工实训技术》的课题1等教材和信息单中资讯

附录 C　习题参考答案

第 1 章

一、填空题

1. 双元制
2. 以学生为中心

二、选择题

1. D　　2. C　　3. D

三、判断题

1. ×　　2. √

四、简答题

1. 步骤大体如下。

(1) 设置问题、提出问题　教师解决应该完成的工作，学生了解自己应该解决的问题。

(2) 确定目标　教师讲解和复习相关知识点，学生明确要求达到的目标，进行思考和准备，确定大体的解决方向。

(3) 信息阶段　教师回答学生的问题，指出解决该问题必须掌握和具备的信息，学生成立解决问题的合作小组，搜集相关信息，向老师提问，做好准备。

(4) 制订计划　教师指导学生，安排时间，准备材料，学生小组内进行分工，各自对要解决的问题提出解决方案。

(5) 实施阶段　教师发放材料，学生进行仿真、演示或实际加工。

(6) 检查及信息反馈　教师演示已准备好的解决方案，学生查找自己制订的解决方案与所确定目标之间的差距，在不同的方案中进行比较，直到较为理想，再反馈到制订计划环节重新修改、试验。

(7) 汇总资料演示汇报，总结学习过程　教师评学生，学生自评、互评。

2. 行为导向的教学方法的特点如下。

1）紧密结合实际，达到"学以致用"的教学目的。

2）锻炼学生自主获取知识和独立工作的能力。

3）教学过程生动、内容丰富，提高了学生学习的积极性和主动性。

4）锻炼学生的团队合作精神。

5）对授课老师提出较高的要求。

6）所培养的学生可以直接上岗，很受企业的欢迎。

3. "以学生为中心"相关教学法的9个原则如下。

1）充分考虑学生已具备的知识和经验。

2）充分考虑学生的需求和学习的偏好。

3）形成性评估，学生之间互评和自评有助于学生学习。

4）学生要开发职业技能。

5）学生非常积极地参与整个学的过程。

6）鼓励学生成为独立的学习者。

7）鼓励学生有自己的想法，开发他们解决问题的能力。

8）课堂上开展活动和使用资源都是为了激发、支持学生学习。

9）教师应该起到学生学习推进器的角色，而不仅仅是知识的传播者。

第 2 章

2.1

一、填空题

1. 教师；口述语言；学生　　2. 准备阶段；讲授的实施；教学后的反思　　3. 导入；讲授；总结

二、选择题

1. C　　2. B　　3. C

三、判断题

1. ×　　2. √　　3. √

四、简答题

1.
1）选择合适的讲授内容。在新课程教学中,在确定了以学定教的原则后,需要教师根据学生的情况和基础选择合适的教学方式和教学手段。

2）讲授要富于启发性。在讲授式教学中,教师要注意启发和引导学生思考。在课堂教学中教师要有意识地设置一些与本节教学内容相关的问题,使学生产生疑问,激发其探求问题奥妙的积极性。

3）注重讲授的趣味性。在讲授过程中,尽可能地使讲授的内容贴近学生的生活实际,或者辅助以画图、学生手工操作,增强学生的感性认识,将抽象的、甚至枯燥的数学原理寓于生活事例中。

4）注意与其他教学法的融合。

2. 讲授教学法也称讲演教学法（简称讲授法）是指以教师为主导,由教师用口述方式向学生传授各种知识的教学方法。在这种方法中,教师系统地向学生进行知识传授,用言语传递特定内容,达成预设的学习目标,而学生则要尽可能完整、无误地表达所接受的内容。

3.
1）利于教师充分发挥主导作用,教师可以由易到难、由浅入深地传递信息,利于学生接受。

2）易于教师控制教学时间,更利于在规定时间内完成教学任务。

3）在短时间内可以同时传递大量系统性的信息,经济、系统地传授人类文化遗产,单位时间效率高。

4）一位教师可以同时教许多学生,相对其他方法而言,学生数量上的限制最小,耗费课时少。

5）每一种教学方法的实施过程中都渗透着讲授教学法。因为无论哪一种教学方法,都离不开教师的讲解、点评和总结,离开了讲授教学法,其他教学方法难以独立存在。

2.2

一、填空题

1. 实体　　2. 手段准备；心理准备　　3. 民主；自由；平等；开放式

二、选择题

1. A　　2. D　　3. C

三、判断题

1. ×　　2. √　　3. √

四、简答题

1.
（1）演示准备　演示准备包括手段准备和心理准备。

（2）展示媒体　依照演示程序呈现媒体,这一环节要正确摆放多媒体。

（3）提出主题　教师要注意营造一定的演示氛围,引发学生的学习兴趣,同时提出演示主题,向学生介绍演示主题的重要性,让学生进入参与演示教学的状态。

（4）说明目标　教师要说明演示要达到的目标,讲解演示中涉及的相关知识,布置观察时的注意事项。

（5）进行演示　进行操作演示,完成演示的整个程序。

(6) 提示要点　演示过程中，教师要适时提醒并指出哪些内容是重要的或本质的，帮助学生抓住要点、掌握知识。

(7) 练习强化　教师可以提出问题，学生围绕演示主题做进一步思考。也可以让学生自己动手操作，按照教师演示的步骤进行练习，通过这一环节，使演示教学的效果得到进一步强化。

2.
1）符合教学的需要和学生的实际情况，有明确的目的。
2）使学生都能清晰地感知到演示的对象。
3）在演示的过程中，教师要引导学生进行观察，把学生的注意力集中于对象的主要特征、主要方面或事物的发展过程。
4）要重视演示的适时性。
5）结合演示进行讲解和谈话，使演示的事物与书本知识的学习密切结合。

3. 演示教学法（简称演示法）是指教师使用一些直观教具或实物进行演示实验，或者使用多媒体直观教学，配合谈话或讲解引导学生进行系统观察，使学生对事物获得感性认识，在感性认识的基础上理解数学概念和算理，验证间接知识，即把一些抽象的知识和原理简明化、形象化，帮助学生加深对知识、原理的认识和理解。

2.3

一、填空题
1. 引导课文教学法；工作计划；自行控制工作过程
2. 开发优质的引导文

二、判断题
1. ×　　2. √

三、简答题
1）引导文教学法的关键是开发优质的引导文。因此，需要教师换位思考，从学生的角度，悉心揣摩、研究分析，精心设计出引导文。优质的引导文应该使学生明确学习目标，清楚地了解应该完成什么工作，学会什么知识，掌握和使用什么技能，以及怎样去完成。

2）在教学过程中，教师要注意发挥咨询、引导的作用，施教之功贵在引导。引导文教学法不仅要求教师引导学生学习某一知识、解决某一问题，而且要求在学生确定学习目标、制订学习计划、选择学习方法等方面给予积极地指导，从而使引导文教学法真正地成为教与学的纽带。

3）强调自我评价是引导文教学法优于其他教学法的特征之一，教师要及时帮助、指导学生进行自我评价。

4）运用引导文教学法时，在课程实施中的精心组织十分重要。需要随时注意收集反馈信息，及时进行调整，通过实践使其不断完善。

5）引导文教学法。特别在解决探索性较强的问题上尤为突出，而且实验时间越长，效果越明显。需要教师不断地探索。

2.4

一、填空题
1. 托尼·巴赞

2. 焦点集中、可伸缩性、激发人的右脑
3. 思维导图教学前期准备、思维导图绘制、教学过程

二、选择题

1. C   2. B   3. D

三、判断题

1. √   2. ×   3. √

四、简答题

1.

1）思维导图式启动、导入。利用现有的思维导图对上节课的相关内容进行简单回顾，形成对思维导图的基本概览。目的是启动教学，并在刚刚展示的旧图上进行扩展与延伸，让新内容作为新"主干"或新"枝叶"添加到已绘制的思维导图上或另外绘制一个中央图像，确定新课的中心主题，开始导入新课。

2）形成思维导图基本"骨架"。在导入的基础上，添加主要分支，形成基本"骨架"。

3）完善思维导图。按照一定的顺序，在上一步的基础上完善每个分支，给"骨架式"的思维导图"充血加肉"，从而赋予其生命。

2.

1）优点。对于教师，有助于教案编写、有利于教师完成教学目标、有利于教师自身能力的发展，以及能提高教师的教学积极性；对于学生，以学生为中心，有利于提高学生学习效果、有利于增强学生的学习能力、有利于激发学生学习动机，以及提高学生学习兴趣。

2）缺点。应用有所局限，学生的知识系统比较窄，刚开始绘制思维导图时会比较吃力，选取中心词十分关键，一旦选错就影响整幅思维导图的效果，学生容易打退堂鼓。

3.

1）要符合认知规律。教师在应用中要遵循认知的规律，即从简单到复杂、从外围到核心、从形象到抽象。在学生对思维导图的理解和应用有了一定的基础后，再组织行动导向的任务教学，更容易取得好的效果。

2）要融合使用多种教学方法。思维导图在职业教育教学应用中，并不排斥其他方法，而是十分欢迎与其他方法一起融合使用。融合各种教学方法，可以充分发挥各种方法的特点和作用，体现学生的主体地位，使教学更加高效。

3）要根据实际合理采用。从已有的研究与实践看，思维导图更多是用于知识体系的整理、建构，及对相关理论知识的学习、复习。思维导图在职业教育教学应用中，要针对职业教育的培养目标、课程目标和学生特点。对一些非动手的、隐性的职业能力通过思维导图也能够得到一定的锻炼。

第3章

3.1

一、填空题

1. 共同的任务   2. 完成任务   3. 目标性   4. 动手实践

二、选择题

1. A   2. B   3. D

三、判断题

1. ×   2. √   3. √   4. √

四、简答题

1）经过使用,被验证过的"知识"。
2）经过实际应用,更加熟练掌握的"技能"。
3）在解决问题过程中获得的新的"知识""方法""技巧"。
4）伴随整个过程所产生的"情感"。
5）与问题相伴的"情境"的记忆。

3.2

一、填空题

1. 独立分析、研究；相互讨论
2. 案例设计；案例分析；案例总结

二、判断题

1. ×   2. √

三、简答题

1）案例讨论中尽量摒弃主观臆想的成分,教师要掌握会场,引导讨论方向,要十分注意培养能力。
2）案例教学耗时较多,因而案例选择要精当,组织案例教学要适度。
3）学生一般都具有课堂学习经验,不必担心案例的讨论无法进行,但案例教学一定要在理论学习的基础上进行,因此要求学生拥有坚实的知识基础。

3.3

一、填空题

1. 设备模拟；过程模拟
2. 假设性；描述性；实效性
3. 模拟项目设定；模拟项目实施

二、选择题

1. D   2. C   3. B

三、判断题

1. ×   2. ×   3. √

四、简答题

1. 模拟教学法的步骤主要包括模拟项目设定、模拟项目实施和模拟项目评价。

1）其中模拟项目设定为准备阶段,包括教师的准备和学生的准备。教师应确定教学内容适合采用模拟教学,完成本身的知识准备,根据教学目标和对职业岗位专业技能的分析,有针对性地选择或设计合适的项目使教学环境尽量模拟真实的工作环境,并制订好模拟教学方案。学生应预习课本知识、阅读模拟资料和学习相关理论。
2）模拟项目实施过程中,学生自由组合,分组实际操作。
3）模拟项目评价指教师指导学生自评、互评,对各组模拟操作实施情况进行总结,评价各组实施方案的优劣,找出与岗位要求的差距等。

2.

1）优点：对于学生,富于挑战性的模拟教学促使学生从客体变为主体、从被动变为主动，充分挖掘了学生的潜能，大大提高了学生的综合素质与职业技能。对于教师，学生不断提高的素质、更加活跃的思维对教师提出了更高、更新的要求。

2) 缺点：使用模拟教学法，需要占用大量的课堂时间，容易影响教学的课程进度；对突发事件的处理，没有统一的答案，不容易让学生抓住学习重点，而在传统观念的影响下，教师设计的问题又过于死板，不利于学生的发散思维；模拟教学涉及的知识面较广，实操性较强，因此，对教师的理论知识水平、实际操作经验和问题处理能力要求很高；模拟教学给学生充分的自主发挥空间，这就对教师的课前预见和驾驭课堂教学方面带来了一定的难度；模拟教学中缺乏足够的、高质量的、供模拟的案例情境，现有的案例也远未能涵盖教学大纲要求和工作所需要的知识面。

3.
1) 教师应从实际出发，因时、因地、因人的不同，根据教学实际需要，自主地整合教学内容，甚至可以放弃现有教材，而自编教材，以保证教学时间充裕。

2) 模拟教学中的提问，并不是为学生提供标准答案，而是为了找出当时情形下的适当解决办法。

3) 教师应树立起终身学习的观念，不断学习、提高，更新自己的知识，拓宽知识视野，由经验型教师向学者型教师转变，这样既能胜任新时代下的教学工作，又能提高自己的能力。

4) 教学过程应发挥教师的导引作用，师生共同参与和巧用提问。

5) 设计适合的模拟项目。

3.4

一、填空题
1. 调查、分析和研究；认识问题；研究问题；解决问题
2. 组织者；指导者；教学效果

二、判断题
1. ×   2. √

三、简答题
1) 一定要做充分准备。现场教学的准备主要包括计划准备、组织准备、思想准备和物质准备。准备工作要具体细致、周密严谨。

2) 做到多方配合。在现场教学的实施过程中，要求学生、教师、基地人员三方密切配合。其中，学生须担主体之责，教师起主导作用，基地尽地主之谊。

3) 避免以教师为中心。在现场教学中，教师是导演，是组织者和指导者，学生才是真正的主角。因此，教师要自觉扮演好角色，防止角色错位。

第 4 章

4.1

一、填空题
1. 信息互动；情感互动；问题互动；思想互动；教学互动
2. 民主；自由；平等；开放式   3. 思考和探索

二、选择题
1. C　　2. B　　3. C

三、判断题
1. √　　2. ×　　3. ×

四、简答题
1. 互动式教学法（简称互动法）就是通过营造多边互动的教学环境，在教学中教与学双方交流、沟通、协商、探讨，在彼此平等、彼此倾听、彼此接纳、彼此坦诚的基础上，通过理性说服甚至辩论，达到不同观点碰撞交融，激发教学双方的主动性，拓展创造性思维，以提高教学效果。

2.

1）互动式教学法是一种民主、自由、平等、开放式的教学方法。耗散结构理论认为，任何一个事物只有不断从外界获得能量方能激活机体。"双向互动"关键要有教师和学员的能动机制、学生的求知内在机制和师生的搭配机制。这种机制从根本上取决于教师和学生的主动性、积极性、创造性以及教师教学观念的转变。

2）互动式教学既不是课堂简单设问、提问、答辩，更不是课堂教学之余留下 10min 等待学生提问题、教师释疑解难，而是从根本上确立教学相长、激活思路、讲究艺术、提高效果的教学新观念，对教师的教育观念、教学水平、教师素质提出了更高的要求。为此，教师要适应信息化、知识化时代的需求，应不断学习、不断探索。

3）必须用现代教育思想和创新教育的理念武装自己的头脑。

4）尽可能地运用现代教育手段，提高教学的直观性、过程性、有效性和探究性。

5）互动需要教师有一定的管理技巧，否则会导致课堂放任自流。

6）应努力避免削弱双基训练。

4.2

一、填空题
1. 引导者　　2. 小组内　　3. 多样化

二、选择题
1. B　　2. D　　3. C

三、判断题
1. √　　2. √　　3. √

四、简答题
1.

1）有利于发挥学生的主体作用。

2）有利于促进师生、学生间的交流。

3）为学生提供学习的机会。

4）培养学生多方面的能力。

5）有利于学生个性的表达。

2.

提出问题时要注意以下几点。

1）问题要具有典型性。问题要能涵盖本节课的教学内容。

2）问题要具有联系性。要求设计的讨论问题能结合实际，并能让大多数学生理解。

3）问题要具有针对性。教师应该针对学生的学习、理解能力来选择或设计问题。

4）任务的趣味性。力求教学过程中用到的问题都能有趣味性，吸引学生，提高学生的积极性，激发学生的学习兴趣。

4.3

一、填空题

1. 欣赏者；表演者　　2. 情景性；共同性；趣味性；适当卷入性；理论性
3. 社会经验　　4. 环境情景；材料情景

二、选择题

1. C　　2. ABC　　3. C

三、判断题

1. √　　2. √　　3. ×

四、简答题

1. 角色扮演教学法（简称角色扮演法）是教师在课堂上设计一项任务，引导学员参与教学活动，让学生扮演各种角色，进入角色情景，处理多种问题和矛盾，使学生从"表演"中受到启示，达到加深对专业理论知识的理解并能灵活运用。

2. 教师的扮演职责：整个角色扮演的过程中，教师履行着导演的职责，驾驭着整个教学过程的发展，是每个角色的裁判，最后要做出与课程设计思想、目标相符合的结论，达到预期的教学目的。

4.4

一、填空题

1. 邱学华
2. 主体性；探索性；引导性
3. 布置任务；学生尝试；教师讲解

二、选择题

1. A　　2. C　　3. B

三、判断题

1. √　　2. √　　3. ×

四、简答题

1. 尝试教学法的步骤大体上是布置任务、学生尝试、教师讲解、学生再尝试及教学评价。

1）布置任务属于尝试教学的准备及开始阶段，包括课前准备、准备练习和出示尝试题。

2）学生尝试是尝试教学的重要部分，包括自学课本、尝试练习和学生讨论，这时学生是主体，老师主要起引导的作用。

3）教师讲解可以确保学生系统掌握知识，教师只需针对学生感到困难的地方、教材关键的地方重点讲解。

4）学生再尝试可以进一步了解学生掌握新知识的情况和把学生的认识水平再提高一步。

5）教学评价是教学结束之后，教师可以指导学生自评、互评，评价各同学在尝试过程中的优劣，也可以通过课后作业、测试等来评价教学效果，进行反思和改进。

2.

（1）优点　有利于培养学生的探索精神和自学能力，促进智力发展；有利于提高课堂教学效率，减轻课外作业负担；有利于中差生的提高；易于教师学习使用。

（2）缺点　应用尝试教学法，学生要有一定的自学能力；对于初步概念的引入课，不适用尝试教学法；实践性较强的教学内容不适用尝试教学法。

3. 使用尝试教学法贵在灵活。灵活，才能求实效；灵活，才能有所创新。灵活反映在根据实际建立尝试教学法的模式。尝试教学法有一定的教学模式和步骤，但在使用的时候切忌机械搬用，可以根据教学需要适当增删部分步骤。灵活还体现在与其他教学方法的融合，一堂完整的课，有时需要采用多种教学方法。提倡一种教学法不应排斥另一种教学法，它们之间不是对立的，而是互相结合、互相配合、综合运用。

参考文献

[1] 王建初,王继平,陈祝林. 职业教育专业教学论内涵探讨[J]. 职业技术教育,2009(4):5-8.
[2] 姜大源. 德国职业教育体制机制改革与创新的战略决策——德国职业教育现代化与结构调整十大方略解读[J]. 中国职业技术教育,2010(30):44-54.
[3] 姜大源. 德国"双元制"职业教育再解读[J]. 中国职业技术教育,2013(33):5-14.
[4] 姜大源,吴全全. 德国职业教育学习领域的课程方案研究[J]. 中国职业技术教育,2007(2):47-54.
[5] 吴全全. 职业教育"双师型"教师内涵及能力结构解读[J]. 中国职业技术教育,2014(21):211-215.
[6] 吴全全. 德国、瑞士职业教育校企合作的特色及启示[J]. 中国职业技术教育,2011(27):91-94.
[7] 姚屏,李玉忠,王晓军. 微博教学特征及教学模式研究[J]. 广东技术师范学院学报,2013,34(7):81-85.
[8] 张慧霞,王东. 美、英、澳职业教育校企合作制度化的经验及启示[J]. 职业技术教育,2011,32(19):81-85.
[9] 陈建明. 中英职业教育比较研究[J]. 河南教育职成教(下),2013(11):51-52.
[10] 秦社华. 中英职业教育的差异及对我国职业教育发展的启示[J]. 科教导刊,2013(35):9-10.
[11] 陈明昆. 英、法、德职业教育与培训模式的社会文化背景比较[J]. 中国职业技术教育,2008(18):34-36.
[12] 洪志杰,李军,卢若珊,等. 英国职业教育特色与启示[J]. 广东交通职业技术学院学报,2008(1):78-82.
[13] 万文娟,纪慧生. 德、美、英职业教育对我国的启示[J]. 科教文汇,2008(29):7-8.
[14] 汪静. 德国"行动导向"职业教育教学法研究[D]. 天津:天津大学,2008.
[15] 徐琳. 德国职业学校专业教学法研究[D]. 天津:天津大学,2009.
[16] 任魏娟. 职业教育项目教学法研究[D]. 上海:华东师范大学,2011.
[17] 王德华. 德国职业教育行动导向教学法的微观考证[J]. 职业技术教育,2010(29):92-95.
[18] 央青. 案例教学法与国际汉语教师的职业教育[J]. 职教论坛,2013(8):87-90.
[19] 韩喜梅,石璟瑶. 职业教育专业教学法研究综述[J]. 河南科技学院学报:社会科学版,2014(8):87-90.
[20] 李文祥. 情景教学法在中职学校专业英语教学中的应用研究[D]. 杨凌:西北农林科技大学,2014.
[21] 秦虹,刘东菊. 国外职业教育创造性教学法的分类及实施[J]. 天津市教科院学报,2012(6):30-31.
[22] 阳亚平. 翻转课堂教学模式在中职学校中的应用研究[D]. 福州:福建师范大学,2014.
[23] 李旭颖. 翻转课堂在职业教育中的应用研究[J]. 知识经济,2015(22):145.
[24] 于文涛. 翻转课堂在职业生涯教育应用的优越性分析[J]. 考试周刊,2014(18):158-159.
[25] 车希海. 现代职业教育翻转课堂的逻辑过程及内容[J]. 江苏教育研究:职教(C版),2015(4):32-35.
[26] 张渝江. 翻转课堂变革[J]. 中国信息技术教育,2012(10):118-121.
[27] 谢舸燕,史小峰. 现代职业教育背景下教师说课问题的研究与改善[J]. 职业教育研究,2008(7):125-126.
[28] 朱弘琦. 课改理念下职业教育教师说课的策略[J]. 新课程研究(中旬刊),2011(11):13-15.
[29] 刘彩霞,车延东. 提高职业教育教学水平需要"说课"[J]. 中国科教创新导刊,2010(8):100.
[30] 罗幼平. 说课对提高专业教学团队职业教育教学能力的分析[J]. 现代企业教育,2011(12):46-47.
[31] 王仑,邹佐. 职业学校说课内容试论[J]. 大连教育学院学报,2007,23(3):52-53.

[32] 张雪莹. 中职学校问题学生的心理分析及引导策略研究 [J]. 教师教育论坛, 2014 (11): 80-83.
[33] 王寒冰, 徐健. 依据中职学生心理特点提升物理教学的实效性 [J]. 求知导刊, 2015 (9): 52.
[34] 马雪梅. 中职学生心理健康问题的调查剖析及教育实践 [J]. 职业教育 (中旬刊), 2013 (5): 37-40.
[35] 陈广文. 中等职业技术学校学生的心理特点与学生管理 [J]. 湖北广播电视大学学报, 2012, 32 (12): 46-47.
[36] 王治国, 史旦旦. 中职学生心理特征与人本主义的教育对策 [J]. 职业, 2008 (11): 65-66.
[37] 万玉环. 激发中职生的学习动机 提高中等职业教育教学质量 [J]. 河南农业, 2010 (6): 48-49.
[38] 沈璧君, 王秀芬, 张秀英, 等. 中等职业学校学生心理特征及教育对策初探 [J]. 中等职业教育, 2009 (6): 20-21.
[39] 高鹤. 中职院校学生心理问题分析及教育培养措施 [J]. 职业, 2011 (35): 64.
[40] 余金聪, 韦威全, 王增珍, 等. 中等职业学校学生心理健康状况 [J]. 中国健康心理学杂志, 2013 (3): 412-414.
[41] 张超, 孙贻峰. 中职学生管理难点及对策探析 [J]. 职业, 2013 (8): 69.
[42] 凌燕. 浅探中职生心理健康问题与问题行为的归因及对策 [J]. 中等职业教育 (理论版), 2012 (3): 34-38.
[43] 王继平, 唐慧, 杜嘉旭. 职教师范生入职困境探析 [J]. 职教论坛. 2014 (12): 17-20.